金工实习教程

主编　康进兴　杨竹芳　何卫锋
参编　姚东野　王学德　林　梅
　　　朱绒霞　孙　权　贾文铜
主审　李应红

国防工业出版社
·北京·

内 容 简 介

本书从本科生金属工艺实习课程教学实际出发,以培养学生实际操作能力为目标,结合编者多年教学经验编写而成。本书主要内容包括金工实习基础知识、钢的热处理、焊接、钳工、车削加工、铣削加工、刨削加工、磨削加工、现代先进制备技术等。

本书可作为航空航天类院校工科各专业本科生金工实习教学和实习指导教材,也可供工程技术人员参考使用。

图书在版编目(CIP)数据

金工实习教程/康进兴,杨竹芳,何卫锋主编 . —北京:
国防工业出版社,2016.9(2017.4 重印)
ISBN 978-7-118-10989-4

Ⅰ.①金… Ⅱ.①康… ②杨… ③何… Ⅲ.①金属
加工-实习-教材 Ⅳ.①TG-45

中国版本图书馆 CIP 数据核字(2016)第 206376 号

※

国防工业出版社出版发行

(北京市海淀区紫竹院南路 23 号 邮政编码 100048)
涿中印印刷厂印刷
新华书店经售

*

开本 787×1092 1/16 印张 12¾ 字数 285 千字
2017 年 4 月第 1 版第 2 次印刷 印数 2501—4500 册 定价 34.00 元

(本书如有印装错误,我社负责调换)

国防书店:(010)88540777   发行邮购:(010)88540776
发行传真:(010)88540755   发行业务:(010)88540717

前　言

　　本书根据空军工程大学 2013 年制定的教学大纲和"金工实习"课程标准编写而成，适用于飞行器动力工程专业、机械工程及其自动化专业、弹药工程专业、兵器工程专业、火力指挥与控制工程专业、电气工程及其自动化专业、无人机工程专业、管理工程专业、安全工程专业本科生金工实习教学使用。

　　随着科学技术的进步，机械制造中越来越多地采用新技术、新工艺，特别是航空航天工业中，新技术的应用更加普遍。同时，院校教学设施也在逐步更新，教学理念也由以教为主向以学为中心转变，学生动手能力的培养越来越受到重视。在本书编写过程中，编者努力探索军事航空新技术与新装备对保障人才的需求，探索"金工实习"课程在空军工程大学各专业中的地位和作用，力争使本书在教学中有更高的起点，教学内容与新装备、新技术联系更紧密。为此，本教材在介绍金工实习基础知识的基础上，以传统的金属加工技术、操作技巧为主，增加了现代先进制备技术的内容。

　　本书由空军工程大学"金工实习"课程教研组编写，全书共 9 章，第 1 章由何卫锋编写，第 2 章由康进兴编写，第 3 章由姚东野编写，第 4、8 章由王学德编写，第 5、6、7 章由杨竹芳编写，第 9 章由林梅编写。朱绒霞、孙权、贾文铜承担了部分章节的编写工作。

　　李应红院士担任本书主审，并提出许多宝贵意见和建议，在此表示感谢。

　　感谢为本书出版付出劳动的工作人员。

　　本书在编写过程中，参考了有关文献资料，在此对作者和出版社表示衷心感谢。由于编者水平、经验所限，书中难免有错漏之处，敬请读者给予批评指正。

编者

2016 年 2 月

目　录

第1章
金工实习基础知识

1.1 工程材料基础知识

1.1.1 工程材料的分类

工程材料是指制造工程结构、机器零件和工模具等所使用的材料,包括金属材料、高分子材料、无机非金属材料和复合材料。

1. 金属材料

金属材料包括黑色金属材料和有色金属材料。黑色金属材料是指以铁为基的钢铁材料,又称铁类合金。黑色金属以外的所有金属及其合金称为有色金属,又称非铁合金。常用的有色金属材料有铝及铝合金、铜及铜合金、钛及钛合金、镁及镁合金等。

在工程材料中,金属材料(尤其是钢铁材料)使用最广泛,是现代工业、农业、国防及科学技术的重要物质基础。

2. 高分子材料

高分子材料包括塑料、橡胶和纤维。高分子材料有像金属材料一样良好的延展性,像无机非金属材料一样优良的绝缘性和耐腐蚀性,还具有密度小、容易加工成形、原材料丰富、价格低廉等优点。其缺点是强度比金属差,熔点低,化学稳定性不及无机非金属材料,易老化等。高分子材料是工程上发展较快的一类新型结构材料,广泛用于科学技术、国防建设和国民经济各个领域。

3. 无机非金属材料

传统无机非金属材料包括陶瓷、玻璃、水泥、耐火材料和天然矿物材料等,新型无机非金属材料包括先进陶瓷、无机涂层、无机纤维等。无机非金属材料有许多优良的性能,如耐压强度高、硬度大、耐高温、耐磨损、抗腐蚀等。此外,水泥在胶凝性能上,玻璃在光学性能上,陶瓷在耐蚀及介电性能上,耐火材料在防热隔热性能上都具有优异的特性,为金属材料和高分子材料所不及。但与金属材料相比,其断裂强度低、缺少延展性,属于脆性材料;与高分子材料相比,其密度较大、制造工艺较复杂。

4. 复合材料

复合材料是由两种或两种以上物理和化学性质不同的物质组合而成的一种多相固体材料。在复合材料中通常以一种材料为基体,而另一种材料为增强体。基体是连续相,增强体则以独立形态分布于基体之上。各种材料在性能上互相取长补短,使复合材料的综合性能优于原组成材料,从而满足了各种不同的要求。混凝土胶合板和玻璃钢都是典型的复合材料。近代科学技术,特别是航空航天、导弹、火箭、原子能工业等领域对材料的性能提出了越来越高的要求,复合材料因此得到了迅速发展。

在金工实习过程中所使用的主要是金属材料。

1.1.2 金属材料的力学性能

金属材料的性能一般分为使用性能和工艺性能。使用性能是指材料在服役条件下应具备的性能,包括力学性能、物理性能和化学性能,它决定了材料的使用范围与使用寿命。对于大多数工程材料来说,力学性能是其最重要的使用性能。工艺性能是指材料的可加工性,即零件在冷、热加工制造过程中应具备的与加工工艺相适应的性能,包括铸造性能、锻压性能、焊接性能、热处理性能以及切削加工性能等。关于材料的工艺性能将在相关章节中分别进行讨论,本节只讨论金属材料的力学性能。

力学性能是指金属材料在外力作用下抵抗变形或断裂的能力,也称为机械性能,是零件设计和选材的主要依据。常用的力学性能包括弹性、刚度、强度、塑性、硬度、冲击韧性和疲劳强度等。

1. 弹性与刚度

弹性、强度和塑性是材料承受静载荷的性能,可通过静载拉伸试验来测定。

将被测量材料加工成标准拉伸试样(图 1-1-1(a)),在拉伸试验机上夹紧试样两端,缓慢地对试样施加轴向载荷,使试样在外力作用下被拉长直至断裂(图 1-1-1(b))。试验机会自动绘出试样在每一瞬间的载荷 F 与伸长量(ΔL)的关系曲线,分别用应力 σ(载荷 F 和原始横截面积 S_0 的比值,单位为 MPa)和应变 ε(伸长量 ΔL 与原始标距长度 L_0 的比值)代替 F 和 ΔL 便可得到拉伸应力—应变曲线。图 1-1-2 是低碳钢的应力—应变曲线。

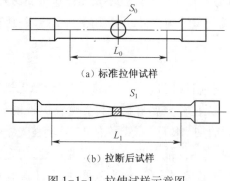

(a)标准拉伸试样

(b)拉断后试样

图 1-1-1　拉伸试样示意图

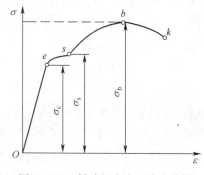

图 1-1-2　低碳钢应力—应变曲线

在应力—应变曲线上，e 点以前的变形为弹性变形，即外力去除后试样可恢复到原来的长度。e 点对应的应力是弹性变形阶段的最大应力，称为弹性极限，用 σ_e 表示。材料受力时抵抗弹性变形的能力称为刚度，其指标是弹性模量 E，单位为 MPa。弹性模量值越大，刚度越大。弹性模量的大小主要取决于材料的本性，除随温度升高而逐渐降低外，其他强化材料的手段如热处理、冷热加工、合金化等对其影响很小。可以通过增加该截面积或改变截面形状来提高零件的刚度。

2. 强度

强度是指金属材料在静载荷作用下抵抗变形或断裂的能力。根据外力的作用方式不同，强度指标有屈服极限（屈服强度）、强度极限（抗拉强度）、抗压强度、抗弯强度、抗剪强度等，其中屈服极限、强度极限应用最多。

屈服极限是材料在外力作用下开始产生塑性变形所对应的最低应力值，用 σ_s 表示，即

$$\sigma_s = \frac{F_s}{S_0} \qquad (1-1-1)$$

式中：F_s 为应力—应变曲线 s 点对应的载荷。

强度极限是材料在外力作用下抵抗断裂所能承受的最大应力值，用 σ_b 表示，即

$$\sigma_b = \frac{F_b}{S_0} \qquad (1-1-2)$$

式中：F_b 为应力—应变曲线上 b 点对应的载荷。

工程上大多数零件都是不允许产生塑性变形的，即不能在超过屈服极限的条件下工作，否则会使零件失去原有精度甚至报废；更不能在超过强度极限的条件下工作，否则会导致零件的破坏，特别是对于低塑性或脆性材料，强度极限更应作为主要的设计指标。

3. 塑性

塑性是指材料在外力作用下产生塑性变形（永久变形）而不断裂的能力。通过拉伸试验测得的塑性指标有伸长率（δ）和断面收缩率（ψ）。

伸长率是试样被拉断时的相对伸长量，即

$$\delta = \frac{L_1 - L_0}{L_0} \times 100\% \qquad (1-1-3)$$

式中：L_1 为试样被拉断后的标距长度。

断面收缩率是试样被拉断后断口截面的相对收缩量，即

$$\psi = \frac{S_0 - S_1}{S_0} \times 100\% \qquad (1-1-4)$$

式中：S_1 为试样断口处的最小横截面积。

伸长率和断面收缩率的数值越大，表明材料的塑性越好。

材料的塑性指标在工程技术中十分重要，许多成形工艺都要求材料具有较好的塑性，如锻造、轧制、拉拔、挤压、冲压等都是利用材料自身的塑性加工成形的。从零件工作的可靠性来看，在超载时，也能利用塑性变形使材料的强度提高而避免突然断裂。

4. 硬度

硬度是衡量金属材料软硬程度的性能指标,也可以说是材料抵抗局部塑性变形的能力,是材料的重要性能之一。目前生产中最常用的测定硬度方法有布氏硬度、洛氏硬度等。

布氏硬度的测量原理如图 1-1-3 所示。用规定载荷 F 把直径为 D 的淬火钢球或硬质合金球压入试件表面并保持一定时间,而后卸除载荷,根据钢球在试样表面上的压痕直径 d 测定被测金属的硬度值。压头为钢球时用 HBS 表示,适于测量布氏硬度小于 450HBS 的材料;压头为硬质合金时用 HBW 表示,适于测量布氏硬度小于 650HBW 的材料。

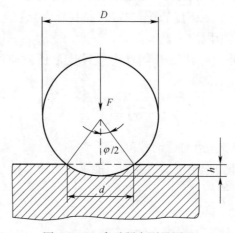

图 1-1-3 布氏硬度测量原理

布氏硬度试验压痕面积较大,试验数据较稳定,重复性也好,常用于测定铸铁、有色金属、低合金结构钢等较软的材料。但布氏硬度不适于测量成品零件和薄壁零件。

洛氏硬度的测量原理如图 1-1-4 所示。将锥角为 120° 的金刚石圆锥体或直径为 1.588mm 的淬火钢球压入被测金属表面,然后根据压痕的深度来确定试样的硬度。压痕越深,材料越软,洛氏硬度值越低。被测材料的硬度可直接由硬度计的刻度盘读出。根据压头和压力的不同,洛氏硬度有 3 种常用的表示方法,即 HRA、HRB、HRC,其中以 HRC 应用最广,表 1-1-1 列出了洛氏硬度的试验规范。

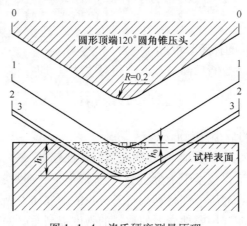

图 1-1-4 洛氏硬度测量原理

表1-1-1 洛氏硬度试验规范

标度	压头	预载荷/N	总载荷/N	应用范围	适用材料
HRA	120°金刚石圆锥	98.07	60×9.807	70~85	硬质合金、表面淬火的钢等
HRB	直径1.588mm钢球	98.07	100×9.807	25~100	软钢、退火钢、铜合金等
HRC	120°金刚石圆锥	98.07	150×9.807	20~67	淬火钢、调制钢等

洛氏硬度试验操作简单、迅速,适用范围广,可直接测量成品件及高硬度材料;但由于洛氏硬度压痕较小,测量结果分散度较大,不宜测量极薄工件及渗层、镀层的硬度。

硬度是表征金属材料力学性能的一个综合参量,生产上可以根据测定的硬度值估计出材料的近似强度极限和耐磨性。此外,硬度与材料的冷成形性、切削加工性(最佳切削硬度范围是170~230HBS)、可焊性等工艺性能之间也存在一定的联系,可作为选择加工工艺时的参考。

5. 冲击韧性

冲击韧性简称韧性,是材料抵抗冲击载荷作用而不破坏的能力。工程上常用一次摆锤冲击试验(图1-1-5)来测定材料的冲击韧性。摆锤冲断带缺口的冲击试样所做的冲击功A_k与试样缺口原始横截面积S的比值即材料的冲击韧性值,用a_k表示,单位为焦耳(J)。

$$A_k = G(h_1 - h_2)g \tag{1-1-5}$$

$$a_k = \frac{A_k}{S} \tag{1-1-6}$$

式中 G为摆锤的质量;h_1、h_2分别为冲击前后摆锤的高度。

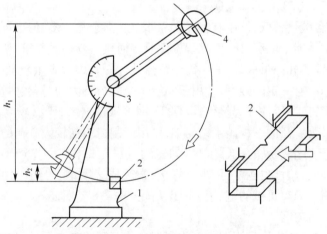

图1-1-5 冲击试验原理

1—支座;2—试样;3—刻度盘;4—摆锤。

冲击韧性指标的实际意义在于揭示材料的变脆倾向。材料的a_k值随温度的降低而减小,且在某一温度范围内,a_k值发生急剧降低,表明断裂由韧性状态向脆性状态发生转变,此温度范围称为韧脆转变温度(T_k)。韧脆转变温度越低,材料的低温冲击韧性就越好,这对于在低温条件下工作的机械构件非常重要。

应当指出,在冲击载荷工作下的机械零件,很少是受大能量一次冲击而破坏的,往往是经受小能量的多次冲击,因冲击损伤的积累引起裂纹扩展,从而造成断裂。

6. 疲劳强度

许多机械零件,如轴、齿轮、轴承、叶片、弹簧等,都是在交变载荷的作用下工作的。虽然这些零件所承受的应力低于材料的屈服点,但经过较长时间的工作后会产生裂纹或突然发生断裂,这种现象称为疲劳破坏。疲劳破坏是机械零件失效的主要原因之一,据统计,在机械零件失效中大约有 80% 以上属于疲劳破坏,而在疲劳破坏前没有明显的变形,因此危害很大。疲劳强度是用来衡量金属抵抗疲劳破坏能力的性能指标,是金属材料在规定次数(对钢铁来说为 10^7 次)交变载荷作用下仍不发生断裂时的最大应力,用符号 σ_{-1} 表示。

1.1.3 常用金属材料

1. 钢

工业上将碳的质量分数为 0.02%~2.11% 的铁碳含金称为钢。钢具有良好的使用性能和工艺性能,而且原料丰富、价格较为低廉,是应用最广泛、最重要的工程材料之一。

钢的分类方法很多,按成分可分为碳素钢和合金钢,按冶金质量可分为普通钢、优质钢、高级优质钢和特级优质钢,按用途则可分为结构钢、工具钢和特殊用途钢。下面介绍几种常用的钢种。

1) 碳素结构钢

碳素结构钢也称普通碳素结构钢,其牌号是由代表屈服强度的字母 Q、屈服强度值、质量等级符号(A、B、C、D)及脱氧方法符号(F、b、Z、TZ)四部分按顺序组成。主要钢号有 Q195、Q215、Q235A、Q235C、Q255、Q275 等。

碳素结构钢含碳量较低,钢中有害元素和非金属夹杂物较多,但冶炼容易、工艺性好、价格低廉,在力学性能上能满足一般工程构件及普通机器零件的要求,所以工程上用量很大。这类钢通常以热轧态供应,一般不需进行热处理。其中含碳量较低的 Q195、Q215 钢其塑性和韧性较好,有一定的强度,常用于制造承受载荷不大的桥梁、建筑等构件,也用于制造普通螺钉、铆钉、冲压件和焊接件等;Q235 钢含碳量居中,既有较高的塑性又有适中的强度,是应用最为广泛的一种碳素结构钢,可用于制造承受较大载荷的建筑、车辆、桥梁等构件,也可用于制作一般的机器零件,如转轴、拉杆、螺栓等;Q255、Q275 钢含碳量稍高,具有较高的强度,塑性也较好,可进行焊接,常轧成工字钢、角钢、钢板、钢管及其他各种型材,也用于制作简单机械的链、销、连杆、齿轮等。

2) 优质碳素结构钢

优质碳素结构钢的牌号是用钢中平均含碳量的万分数来表示的,如 45 钢的平均含碳量为 0.45%。

与碳素结构钢相比,优质碳素结构钢对成分及杂质的限制较严格,钢的均匀性和表面质量好,塑性和韧性较高,经适当热处理后,其力学性能可达到一定水平。其中,08、08F、10、10F 钢含碳量低,塑性、韧性好,具有优良的冷成形性能和焊接性能,常冷轧成薄板,用于制作仪表外壳、汽车和拖拉机的冷冲压件等;含碳量稍高的 15、20、25 钢强度较高,塑性较好,用于制作尺寸较小、负荷较轻、表面要求耐磨、心部强度要求不高的渗碳零件,如活塞、样板等;具有中碳成分的 30、35、40、45、50 钢经热处理后具有良好的综合力学性能,即具有较高的强度、塑性和韧性,常用于制作轴、杆、齿轮类承受冲击及磨损的零件;含碳量较高的 55、60、65 钢热处理后具有很高的弹性及适量的韧性,常用来制作弹簧、钢丝绳、火车轮、钢轨等。

3)低合金结构钢

低合金结构钢是在碳素结构钢的基础上加入少量合金元素而形成的,牌号的表示方法与碳素结构钢相同,按其屈服强度的高低分为 5 个级别,即 Q295、Q345、Q390、Q420 和 Q460。

与相同含碳量的碳素结构钢相比,低合金结构钢的强度可提高 20%~30% 以上,并有较好的塑性、韧性、焊接性能及冷热加工性能,常轧成钢板及各种型材,一般不需要热处理。低合金结构钢主要用来制造各种要求强度较高的工程结构件,如船舶、车辆、高压容器、锅炉、输油输气管道、大型钢结构件等,在建筑、石油、化工、铁道、造船、机车车辆、农机农具等诸多领域都得到了广泛的应用。

4)合金结构钢

合金结构钢包括渗碳钢、调质钢、弹簧钢、滚动轴承钢等。合金结构钢的牌号用"两位数(平均含碳量的万分数)+元素符号+数字(该合金元素质量分数,小于 1.5% 不标出,1.5%~2.5% 标 2;2.5%~3.5% 标 3,依次类推)"表示,如 40Cr、20CrMnTi、60Si2Mn 等。

这类钢由于加入了一定量的合金元素,提高了淬透性,经适当的热处理后具有较高的强度极限和屈强比(屈服极限与强度极限的比值),较高的韧性和疲劳强度以及较低的韧脆转变温度,可用于制造各种机器零件,如齿轮、曲轴、连杆、车床主轴等。

5)碳素工具钢

碳素工具钢分为优质碳素工具钢和高级优质碳素工具钢,其编号方法是在"T"后面加上数字,该数字表示平均含碳量的千分数,若为高级优质钢,则在数字后面加"A",如 T12A 代表平均含碳量为 1.2% 的高级优质碳素工具钢。

碳素工具钢含碳量为 0.65%~1.35%,这是为了保证工件淬火后具有高硬度、高耐磨性。

含碳量越高,未溶渗碳体越多,钢的耐磨性越好,但韧性下降。因此,制造承受冲击负荷的工具时,如凿子、锤子、冲头等,应使用 T7、T8 钢;制造冲击较小、但要求高硬度和高耐磨性的工具时,如小钻头、形状简单的小冲模、手工锯条等,应使用 T9、T10、T11 钢;制造要求高硬度和高耐磨性、但不受冲击的工具时,如挫刀、刮刀、量具等,应使用 T12、T13 钢。高级优质碳素工具钢(T7A~T13A),由于其淬火时产生裂纹的倾向相对较小,多用于制造形状较为复杂的工具。

6)合金工具钢

合金工具钢的牌号是用"数字+合金元素符号+数字"来表示的,牌号前面的数字表示平均含碳量,当平均含碳量小于 1% 时,该数字为平均含碳量的千分数;当平均含碳量大于等于 1% 时,含碳量不标出。合金元素的表示方法与合金结构钢相同。例如,9SiCr 代表平均含碳量为 0.9%,平均含 Si 量小于等于 1.5%,平均含 Cr 量小于等于 1.5% 的合金工具钢;Cr12 代表平均含碳量大于等于 1%,平均含 Cr 量为 12% 的合金工具钢。

合金工具钢是在碳素工具钢的基础上加入 Si、Mn、Cr、W、Mo、V 等合金元素形成的,具有高的硬度、耐磨性、淬透性和热硬性,以及足够的强度和韧性,主要用于制造各种刃具、模具、量具等工具,如 Cr12、Cr4W2MoV 等可用来制造冷作模具,9SiCr、CrWMn 可用来制造量具;W18Cr4V、W6Mo5Cr4V2 可用来制造刃具。

2. 铸铁

铸铁是碳质量分数大于 2.11%(一般为 2.5%~4.0%)的铁碳合金,含有较多 Si、Mn、S、P 等元素。铸铁是历史上使用最早、最便宜的金属材料之一。虽然铸铁的强度极限、塑性和韧性均比钢差,但其铸造性能极好,生产工艺和生产设备简单,减震性和耐磨性好,切削加工性好,所以在工程上得到非常广泛的应用。

工业上常用的铸铁有灰铸铁、可锻铸铁、球墨铸铁和蠕墨铸铁。

1) 灰铸铁

灰铸铁中的石墨呈片状,其牌号以 HT ××× 表示。其中,"HT"代表"灰铁","×××"是最低强度极限值(MPa),如 HT100,其 $\sigma_b \geq 100\text{MPa}$。

灰铸铁的力学性能比钢低,焊接性能很差,不能锻造但其抗压强度与同基体的碳钢差不多,具有良好的铸造性能、切削加工性能、减震和减摩性能。用于制造承受压力和震动的零件,如机床床身、各种箱体、壳体、泵体、缸体等。

2) 可锻铸铁

可锻铸铁中的石墨是团絮状,其牌号以 KT×××-×× 表示。其中,"KT"表示"可铁",第一组数字表示最低强度极限,第二组数字表示最低伸长率,如 KT300-6,其 $\sigma_b \geq 300\text{MPa}$、$\delta \geq 6\%$。

可锻铸铁的强度比灰铸铁高,还具有一定的塑性和较高的韧性。尽管如此,可锻铸铁还是不能进行锻造加工。根据基体组织的不同,可锻铸铁分为铁素体可锻铸铁和珠光体可锻铸铁。铁素体可锻铸铁具有较高的塑性和韧性,多用于制造受冲击、振动等形状复杂的零件,如汽车、拖拉机前后轮壳、减速机壳、制动器等。珠光体可锻铸铁的强度和耐磨性比铁素体可锻铸铁高,有较高的硬度和一定的塑性,可用于制造要求强度高和耐磨的零件,如曲轴、凸轮轴、连杆、齿轮、活塞环、轴套、扳手、万向接头等。

3) 球墨铸铁

球墨铸铁中的石墨呈近似球状分布,其牌号以 QT ×××-×× 表示。其中,"QT"表示"球铁",第一组数字表示最低强度极限,第二组数字表示最低伸长率,如 QT700-2,其 $\sigma_b \geq 700\text{MPa}$、$\delta \geq 2\%$。

球墨铸铁的力学性能比灰铸铁高得多,其强度极限、塑性、韧性、弯曲强度和疲劳强度明显优于灰铸铁,综合力学性能接近于钢,特别是屈强比高于碳钢,其缺点是消震性能低,主要用来制造受力复杂、负荷较大、要求耐磨的铸件(替代部分铸钢、锻钢件),如发动机的曲轴、连杆和机床的主轴等。

4) 蠕墨铸铁

蠕墨铸铁中的石墨是蠕虫状,其牌号以 RuT ××× 表示。其中,"RuT"表示"蠕铁",后面的数字表示最低强度极限,如 RuT420,其 $\sigma_b \geq 420\text{MPa}$。

蠕墨铸铁性能介于灰铸铁和球墨铸铁之间,它的强度和韧性比灰铸铁高,与铁素体球墨铸铁相似;耐磨性、壁厚敏感性比灰铸铁好;导热性和耐热疲劳性与灰铸铁相近,比球墨铸铁高;减震性比球墨铸铁好,但不如灰铸铁;铸造性能与灰铸铁相近,切削加工性能与球墨铸铁相近。蠕墨铸铁多用于制造承受热循环载荷的零件和结构复杂、强度要求高的铸件,如汽缸盖、活塞环、制动盘、液压阀、大齿轮箱、高压热交换器及重型机床立柱等。

3. 有色金属

工业上使用最多的有色金属是铝、铜及其合金。

1)铝及铝合金

铝有三大优点:质量轻,比强度大;具有良好的导电性和导热性;耐腐蚀性好。

工业纯铝具有银白色光泽,塑性极好,但强度低,难以满足结构零件的性能要求,主要用作配制铝合金及代替铜制作导线、电器和散热器等。

铝合金是在纯铝中加入 Cu、Mn、Si、Mg、Zn 等合金元素而形成的,按其加工方法可分为形变铝合金和铸造铝合全。形变铝合金的合金含量较低,塑性较好,可以通过压力加工制成各种型材、板材、管材等,用于制造建筑门窗、飞机蒙皮及构件、油箱、铆钉等。铸造铝合金不仅具有较好的铸造性能和耐蚀性能,而且还能用变质处理的方法使强度进一步得到提高,应用较为广泛,可用于生产形状复杂及有一定力学性能要求的零件,如内燃机活塞、汽缸头、汽缸散热套等。

2)铜及铜合金

纯铜又称紫铜,属重金属,强度低,塑性好,具有极好的导电和导热性能,在大气中具有较好的耐蚀性,并具有抗磁性。纯铜通过冷、热态塑性变形可制成板材、带材和线材等半成品,多用于制造电器元件或冷凝器、散热器和热交换器等零件。

铜合金有黄铜、白铜和青铜。黄铜是以锌为主要添加元素的铜合金,其塑性好,但强度较低,主要用于制造弹壳、冷凝器管、弹簧、轴套以及耐蚀零件等。白铜的主加元素为镍,因呈银白色而得名。普通白铜(只加镍)具有优良的塑性、耐热性、耐蚀性及特殊的导电性,用于制造海水和蒸汽环境中工作的精密仪器零件和热交换器等;特殊白铜(除镍外还加入锌、铝、铁、锰等)有很高的耐蚀性、强度和塑性,适于制造精密仪器零件、医疗器械等。青铜是除黄铜和白铜外的其他铜合金的统称,如锡青铜、铝青铜、铍青铜、硅青铜、铅青铜等,主要用于制造轴瓦、涡轮、弹簧以及要求减摩、耐蚀的零件。

1.2　常用量具及用法

量具是用来测量工件的尺寸精度、形状精度、位置精度和表面粗糙度等是否符合图纸要求的工具。量具的种类很多,生产中常用的有游标卡尺、千分尺、百分表和万能角度尺等。

1.2.1　游标卡尺

游标卡尺是应用游标读数原理制成的量具,如图1-2-1所示。其结构简单,使用方便,是一种比较精密的量具,可直接测量工件的内径、外径、宽度和深度尺寸等。按照游标读数值,游标卡尺有 0.02mm、0.05mm 和 0.1mm 等 3 种;按测量范围有 0~125mm、0~200mm 和 0~300mm 等规格,最大测量范围可达 400mm。

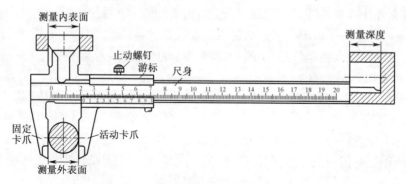

图 1-2-1　游标卡尺

1. 游标卡尺的读数原理

游标卡尺由尺身(主尺)和游标(副尺)组成。当尺身、游标的测量爪闭合时,尺身和游标的零线对准,如图 1-2-2(a)所示。尺身的刻线间距为 1mm,游标的刻线间距为 0.98mm,尺身与游标刻线间距之差为 0.02mm,该游标卡尺的读数精度为 0.02mm。

　　　　　　(a) 读数原理　　　　　　　　　(b) 读数示例

图 1-2-2　0.02mm 游标卡尺读数原理

游标卡尺的读数方法分 3 个步骤(图 1-2-2(b))。

(1) 读整数。根据游标本线以左的尺身上的最近刻线读出整毫米数。

(2) 读小数。根据游标零线以右与尺身刻线对齐的游标上的刻线条数乘以游标卡尺的读数值(0.02mm),即为毫米的小数。

(3) 整数加小数。将上面整数和小数两部分读数相加,即为被测工件的总尺寸。

图 1-2-2(b)所示的读数值为

$$23+12\times0.02=23.24\text{mm}$$

2. 游标卡尺的使用方法

(1) 用前准备。首先应把测量爪和被测工件表面擦拭干净,以免擦伤游标卡尺测量面和影响测量精度;其次检查卡尺各部件是否正常,如尺框和微动装置移动是否灵活、紧固螺钉是否能起到紧固作用等;使游标卡尺与被测工件温度尽量保持一致,以免产生温度差引起的测量误差。

(2) 检查零位。使游标卡尺两测量爪紧密贴合,检查游标,零线与尺身零线是否对齐,游标的尾刻线是否与尺身的相应刻线对齐。若未对齐,可在测量后根据原始误差修正读数或将游标卡尺校正到零位后再使用。

(3) 正确测量。测量时,先张开卡脚,然后使卡脚逐渐与被测工件表面靠近,最后轻微接触,如图 1-2-3 所示。有微动装置的游标卡尺应尽量使用微动装置,不要用力压紧,以免测量爪变形和磨损,影响测量精度。在测量过程中,要注意将游标卡尺放正,切忌歪斜,以免测量不准确。

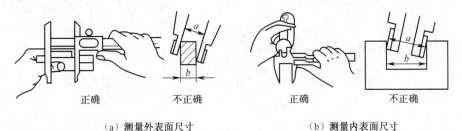

（a）测量外表面尺寸　　　　　　　　（b）测量内表面尺寸

图 1-2-3　游标卡尺的使用方法

（4）测量范围。游标卡尺仅用于测量已加工的光滑表面,不得测量表面粗糙的工件和正在运动的工件,以免卡尺过快磨损或发生事故。

图 1-2-4 是用于测量高度和深度的高度游标卡尺和深度游标卡尺。高度游标卡尺也常用于精密划线。

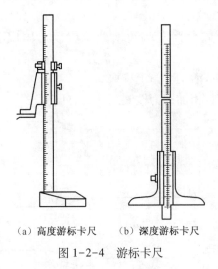

（a）高度游标卡尺　　（b）深度游标卡尺

图 1-2-4　游标卡尺

1.2.2　千分尺

千分尺是比游标卡尺更为精确的量具,其测量准确度为 0.01mm,属于测微量具,千分尺按用途可分为外径千分尺、内径千分尺和深度千分尺等,其中外径千分尺应用最广。外径千分尺的结构如图 1-2-5 所示,其常用的测量范围有 0~25mm、25~50mm、50~75mm、75~100mm、100~125mm 等规格。

1. 千分尺读数原理

千分尺是利用螺旋副传动原理,借助螺杆与螺纹轴套的精密配合,将回转运动变为直线运动,以固定套筒和微分筒所组成的读数机构读得被测工件的尺寸。

在固定套筒上刻有一条中线,作为千分尺读数的基准线,其上、下方各有一排间距为1mm 的刻线,上下两排刻线相错 0.5mm,这样可读得 0.5mm。在活动套筒的左端圆锥斜面上有 50 个等分刻度线,活动套筒每转一周,螺杆轴向移动 0.5mm。即活动套筒每一刻

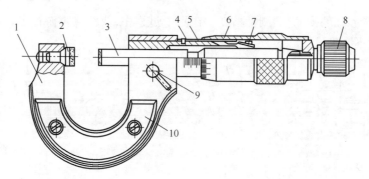

图 1-2-5　外径千分尺

1—尺架;2—测砧;3—测微螺旋;4—螺纹轴套;5—固定套管;
6—微分筒;7—调节螺母;8—测力装置;9—锁紧装置;10—隔热装置。

度的读数值为 0.5/50＝0.01mm。固定套筒上的中线作为不足半毫米的小数部分的读数指示线。当千分尺的螺杆左端与测砧的表面接触时,活动套筒左端的边线与轴向刻度线的零线应重合,同时圆周上的零线应与固定套筒的中线对准。

千分尺的刻线原理和读数示例如图 1-2-6 所示。测量时读数方法分为 3 个步骤。

（1）读整数位。根据微分筒左端边线的位置读出固定套筒上的轴向刻度（应为 0.5mm 的整数倍）。

（2）读小数位。直接从活动套筒上读取。

（3）将以上两部分读数相加即为被测工件的总尺寸。

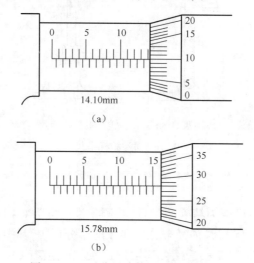

图 1-2-6　千分尺读数原理和读数示意

图 1-2-6(a)、(b)的读数分别为 14.10mm 和 15.78mm。

2. 千分尺的使用方法

（1）使用前首先将砧座与螺杆擦干净后接触,观察当活动套筒上的边线与固定套筒上的零刻度线重合时,活动套筒上的零刻度线是否与固定套筒上的中线对齐,如有误差则测量时根据原始误差修正读数。

（2）测量时,当螺杆快要接触工件时,必须拧动端部棘轮测力装置,如图 1-2-7 所示。当棘轮发出"咔咔"打滑声时,表示螺杆与工件接触压力适当,应停止拧动。严禁拧动微分筒,以免用力过度,使测量不准确。

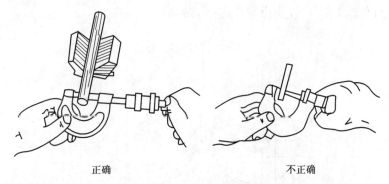

正确　　　　　　　　　　　不正确

图 1-2-7　使用测力装置测量

（3）被测工件表面应擦拭干净,并准确放在千分尺测量面上,不得偏斜,如图 1-2-8 所示。

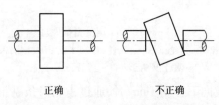

正确　　　　　　　　　　　不正确

图 1-2-8　千分尺正确测量示例

1.2.3　百分表

百分表是一种精度较高的比较量具,其结构如图 1-2-9 所示。因百分表只有一个活动测量头,所以只能测出工件的相对数值,主要用来测量工件的形状和位置误差（如圆度、平面度、垂直度和跳动等）,也常用于工件的精确找正。百分表具有外形尺寸小、质量轻、使用方便等特点,测量精度可达 0.01mm。

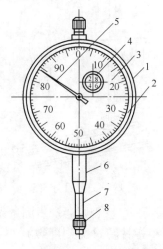

图 1-2-9　百分表

1—表体;2—表圈;3—表盘;4—小指针;5—主指针;6—装夹套;7—测杆;8—测头。

1. 百分表的测量原理

百分表的测量原理如图1-2-10所示,它是利用齿轮齿条传动机构将测杆的直线移动转变为指针的转动,由指针指出测杆的移动距离。

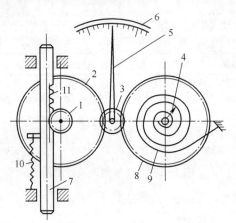

图 1-2-10　百分表测量原理

1—轴齿轮;2,8—齿轮;3—中心齿轮;4—小指针;5—主指针;6—表盘;

7—测杆;9—游丝;10—弹簧;11—齿条。

测量时,当测杆向上或向下移动1mm时,通过齿轮齿条副带动大指针转一圈,与此同时小指针转过一格。刻度盘圆周上有100等分的刻度线,每刻度的读数为0.01mm,小指针每刻度读数值为1mm。测量时大小指针读数之和即为被测工件尺寸变化总量,小指针处的刻度范围即为百分表的测量范围。测量前通过转动表盘调整,使大指针指向零位。

2. 百分表的使用方法

（1）百分表使用时应固定在专用的表架上,如图1-2-11所示。装百分表时夹紧力不宜过大,以免装夹套筒变形,卡住测杆。

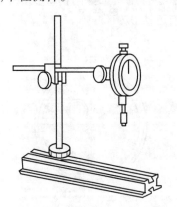

图 1-2-11　百分表架

（2）测杆与被测工件表面必须垂直;否则会产生测量误差,如图1-2-12所示。

（3）测量时,先读整位数(小指针转过的刻度数),再读小位数(大指针转过的刻度数),将这两部分读数加起来即为测量尺寸。

（4）被测工件表面应光滑,测量杆的行程应小于测量范围。

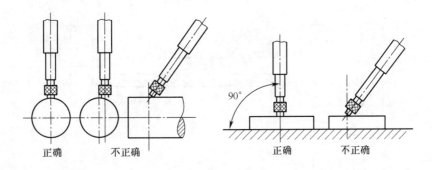

图 1-2-12　百分表测量示例

1.2.4　万能角度尺

万能角度尺是用来测量零件内、外角度的量具,其结构如图 1-2-13 所示。它是由主尺和游标尺组成,它的读数原理与游标卡尺相同。在主尺正面,沿径向均匀地布有刻线,两相邻刻线之间夹角为 1°,在扇形游标尺上也均匀地刻有 30 根径向刻线,其角度等于主尺上 29 根刻度线的角度,即游标上两相邻刻线间的夹角为 $(29/30)°$。主尺与游标尺每一刻线间隔的角度差为 $1-(29/30)°=2'$,即万能角度尺的读数精度为 $2'$。

万能角度尺的读数方法与游标卡尺完全相同。

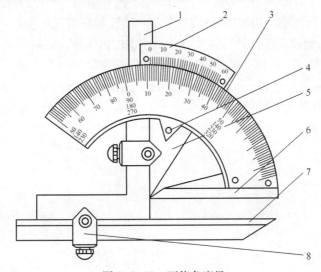

图 1-2-13　万能角度尺

1—90°角尺;2—游尺;3—主尺;4—制动头;5-扇形板;6-基尺;7-直尺;8-卡块。

1.2.5　量规

量规是用于大批生产零件中的一种不带刻线的专用量具,包括塞规和卡规,如图 1-2-14 和图 1-2-15 所示。使用量规的目的是为了提高检验效率和减少精密量具的损耗。

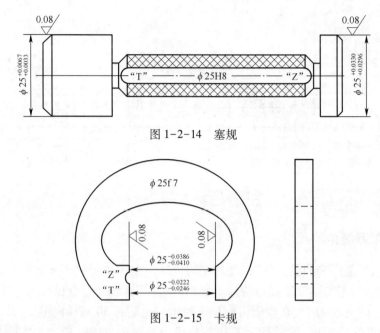

图 1-2-14　塞规

图 1-2-15　卡规

1. 塞规

塞规是用来测量孔径和槽宽的专用量具。塞规的两端为工作部分,其中一端圆柱较长,直径尺寸等于工件的最小极限尺寸,称为通端;另一端圆柱较短,直径尺寸等于工件的最大极限尺寸,称为止端。用塞规测量时,若工件的孔径只有通端能进去(通过),而止端进不去(通不过),则说明工件的实际尺寸在公差范围内,是合格品;否则就是不合格品。

2. 卡规

卡规是用来测量轴径和厚度的专用量具,也有通端和止端,使用方法与塞规相同。所有的量规都不能测出工件的具体尺寸。

第2章
钢的热处理

2.1 概　　述

热处理是将固态金属在一定的介质中加热、保温和冷却,以改变其整体或表面组织,从而获得所需性能的一种工艺。

热处理与焊接和机加工等加工方法不同,它的目的是只要求改变金属材料的组织和性能,而不要求改变零件的形状和尺寸。它是改善金属材料的使用性能和加工性能的一种非常重要的工艺方法,在工业生产中,大多数结构件都必须经过热处理。

任何一种热处理工艺过程都包括加热、保温和冷却 3 个步骤。热处理工艺种类很多,常用的有整体热处理、表面热处理等。

热处理能够改变材料的力学性能,其原因是在加热、保温和冷却过程中其组织发生了转变。

加热是热处理的第一道工序。生产中有两种本质不同的加热,一种是在 Fe-Fe$_3$C 相图 2-1-1 中 A_1(727℃)温度以下的加热,另一种是在 A_1 温度以上的加热,在这两种加热条

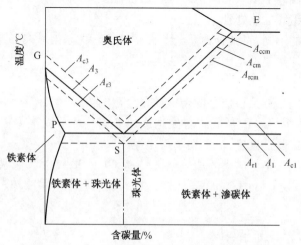

图 2-1-1　加热和冷却时钢的临界温度

件下所发生的组织转变是截然不同的。

由 $Fe-Fe_3C$ 相图可知,将共析钢加热到 A_1 以上就能获得单相奥氏体;而亚共析钢和过共析钢必须加热到 A_3 和 A_{cm} 以上才能得到奥氏体。但在热处理中,由于加热速度和冷却速度比平衡条件下的快,因而钢的组织转变临界温度都偏离了平衡状态的临界温度。如图 2-1-1 所示,加热时的临界温度分别为 A_{c1}、A_{c3} 和 A_{ccm}。显然,加热的目的就是为了使钢转变为奥氏体组织;并利用加热规范控制奥氏体晶粒大小。只有当钢处于奥氏体状态,才能通过不同的冷却方式使其转变为不同的组织,从而获得所需的性能。

冷却有等温冷却和连续冷却两种方式,表 2-1-1 列出了共析钢在等温冷却时的转变产物及性能。

表 2-1-1　共析钢等温转变产物及力学性能

名称	转变温度 /℃	转变产物		力学性能			
		相	组织	HRC	σ_b/MPa	ψ/%	δ/%
珠光体 P	700	$\alpha+Fe_3C$	粗层片状	19	840	20	13
索氏体 S	650	$\alpha+Fe_3C$	较细层片状	30	1080	35	16
屈氏体 T	600	$\alpha+Fe_3C$	极细层片状	40	1330	40	14
上贝氏体 $B_上$	500~350	α_B+Fe_3C	羽毛状	36~48	1260~1610	46~44	16~13
下贝氏体 $B_下$	350~230	α_B+Fe_3C	黑色针叶片	50~60			
马氏体 M	M_s~M_f	α_M	板条状、竹叶状	50~65	1000~2300	40~65	9~17

2.2　钢的整体热处理

钢的整体热处理有退火、正火、淬火和回火工艺。

2.2.1　退火

退火是将组织偏离平衡状态的钢加热到适当温度,保温一定时间,然后缓慢冷却,以获得接近平衡状态组织的热处理工艺。

根据退火的目的不同,将其分为完全退火、等温退火、球化退火、扩散退火和去应力退火等。各种退火的加热温度范围及工艺曲线见图 2-2-1。

1. 完全退火

完全退火主要用于亚共析成分的碳钢和合金钢的铸件、锻件及热轧型材,有时也用于焊接结构;一般常作为某些重要零件的预先热处理和一些不太重要零件的最终热处理。其目的是细化晶粒或降低硬度,改善切削加工性能。

从图 2-2-1 可见,完全退火的加热温度是 A_{c3} 以上 30~50℃,保温一定时间后,随炉缓慢冷却(或埋入石灰或砂中冷却)至 500℃ 以下,然后在空气中冷却。

2. 等温退火

等温退火是将钢件加热到高于 A_{c3}(或 A_{c1})的温度,保温适当时间后,较快地冷却到珠光体区的某一温度,并等温保持,使奥氏体转变为珠光体组织,然后缓慢冷却的热处理

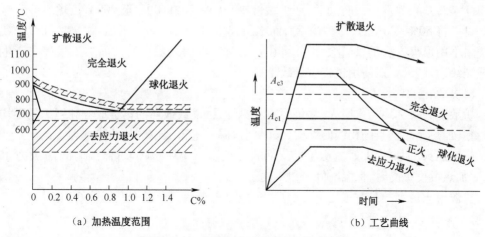

（a）加热温度范围　　　　　　　（b）工艺曲线

图 2-2-1　碳钢各种退火工艺规范示意图

工艺。

等温退火的目的与完全退火相同，但组织转变易于控制，能获得均匀的预期组织，并且能明显地缩短退火时间，多用于尺寸较大的零件或奥氏体比较稳定的合金钢的退火。图 2-2-2 是高速钢的等温退火与完全退火工艺曲线，从图中可见，等温退火可大大缩短时间。

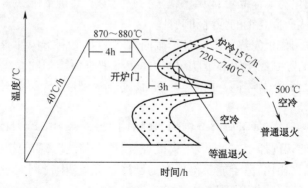

图 2-2-2　高速钢的等温退火与普通退火工艺曲线

3. 球化退火

球化退火主要用于共析和过共析成分的碳钢及合金钢。目的是通过球化二次渗碳体及珠光体中的渗碳体，降低硬度，改善切削加工性，并为以后的淬火做准备。

球化退火一般采用随炉加热，并且加热温度略高于 A_{c1}，以便保留较多的未熔碳化物粒子或使奥氏体中碳浓度分布不均匀，以促进球状碳化物的形成。为保证二次渗碳体的自发球化，球化退火需要较长的保温时间；保温后随炉冷却，并在通过 A_{r1} 温度范围时使冷却速度足够缓慢，以便使奥氏体进行共析转变时，以未熔渗碳体粒子为核心形成粒状渗碳体。

4. 去应力退火

去应力退火又称低温退火，主要用于消除铸件、锻件、焊接件、冷冲压件（或冷拉件）及机加工件的残余内应力。去应力退火时将工件随炉加热至低于 A_{c1} 的某一温度（一般为500~650℃),保温一段时间后,随炉缓慢冷却(50~100℃/h)至200℃出炉空冷。这种处理可以将50%~80%的内应力消除,而不引起组织变化。必须指出,如果工件中的残余内应力不用退火方法予以消除,工件将在一定时间以后或随后的切削加工过程中产生变形或裂纹,有的甚至在使用过程中导致事故。

5. 扩散退火

扩散退火又称均匀化退火,它是为减小钢锭、铸件或锻坯的化学成分和组织的不均匀性,将其加热至略低于固相线的温度,长时间保温并进行缓慢冷却的热处理工艺。

扩散退火的加热温度一般选定在钢的熔点以下100~200℃;保温时间一般为10~15h。加热温度提高时,保温时间可以缩短。

扩散退火后钢的晶粒很粗大。因此,一般要再进行完全退火或正火处理。

2.2.2　正火

正火是将钢加热至A_{c3}或A_{ccm}以上30~50℃,适当保温后,从炉中取出在自由流动的空气中均匀冷却的热处理工艺。

正火与退火的明显差别在于正火的冷却速度稍快。由钢的C曲线可知,正火后获得的组织是索氏体。由于正火的目的是使钢的组织正常化,所以也称常化处理。

正火常被用于最终热处理。对于普通结构零件,当其对力学性能要求不是很高时,通过正火处理可以细化奥氏体晶粒,使组织均匀;或减少亚共析钢中铁素体含量,使珠光体含量增多并细化,从而提高钢的强度和韧性。

正火有时也被用作预先热处理。对于截面较大的合金钢结构件,在淬火或调质处理前常进行正火,以消除魏氏组织和带状组织,并获得细小而均匀的组织;对于过共析钢正火则可以减少二次渗碳体含量,并使之不能形成连续网状,从而为球化退火做好组织准备。

正火还能改善低碳钢或低碳合金钢的切削加工性能。当用这些材料制成的工件退火后因硬度太低,不便切削加工时,可做正火处理,以提高其硬度,而使切削性得到改善。

正火与完全退火相比,由于能获得更高的硬度和强度,生产周期较短,设备利用率较高,节约能源,成本较低,因此得到了广泛的应用。

2.2.3　淬火

将钢件加热到A_{c3}或A_{c1}以上30~50℃,保温一定时间,然后快速冷却的热处理工艺称为淬火。

淬火的目的是为了获得马氏体。但淬火必须与适当温度的回火相配合,才能使工件具有所需要的性能。通常将高碳钢淬火成马氏体后,再配合以低温回火,可获得高硬度和高耐磨性。将中、高碳钢淬火成马氏体后,再配合以中温回火,可提高弹性;将低碳钢淬火成马氏体后,再配合以高温回火,可提高强度和韧性,获得良好的综合力学性能。因此,淬火是为了更好地发挥其性能潜力的重要手段之一。

1. 淬火温度

选择淬火加热温度。一般情况下,亚共析钢淬火加热温度为A_{c3}以上30~50℃;共析

钢和过共析钢为 A_{c1} 以上 30~50℃（图 2-2-3）。

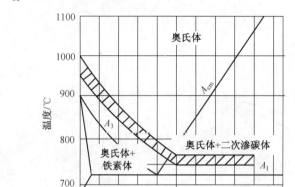

图 2-2-3 钢的淬火温度范围

亚共析钢的淬火温度之所以选择 A_{c3}+30~50℃，是为了淬火后获得均匀细小的马氏体组织。过共析钢的淬火温度选择为 A_{c1}+30~50℃，淬火后可获得均匀细小的马氏体、颗粒状渗碳体和少量残余奥氏体的混合组织。

2. 淬火介质

冷却是淬火工艺中最重要的工序，它必须保证工件得到马氏体，而又使工件变形尽可能小，更不能造成开裂。解决这一矛盾的理想冷却曲线如图 2-2-4 所示。从图中可见，在 650℃以上，在保证不形成珠光体的前提下，冷却速度应尽可能慢，以减少热应力；在 650~400℃范围内，冷却速度应快些，避免碰上 C 曲线的鼻部，即保证全部奥氏体不分解；在 400℃以下，则又希望冷却速度变慢，尤其在 300℃以下发生马氏体转变时，更应该慢冷，以减小马氏体转变时的内应力，以免引起工件的变形和开裂。但至今人们还未找到这样理想的淬火介质。

常用的淬火介质是水和油。

水在 650~550℃范围的冷却速度很大（>600℃/s），可防止珠光体转变；但在 300~200℃范围冷却速度仍然很快（约为 270℃/s），因此容易造成工件的变形和开裂。所以，生产上常将形状简单、截面积较大的碳钢件在水中淬火。

3. 淬火方法

正确的淬火方法能保证工件淬火时获得马氏体组织并避免开裂，防止变形。常用的淬火方法有单液淬火、双液淬火、分级淬火和等温淬火。图 2-2-5 是各种淬火方法的工艺曲线示意图。

单液淬火如图 2-2-5 中曲线 1 所示，它是将奥氏体化的钢件在一种淬火介质中一直冷却到室温的淬火方法。这种方法操作简单，容易实现机械化、自动化操作。因此应用较广。适用于碳钢在水中淬火；合金钢在油中淬火。缺点是水淬变形开裂倾向大；油淬冷却速度小，大件淬不硬。

双液淬火如图 2-2-5 中曲线 2 所示，它是先将奥氏体化的钢件在一种冷却速度较快的介质中冷却到300℃左右后,立即转入另一种冷却速度较慢的介质中冷却到室温的淬火方法。

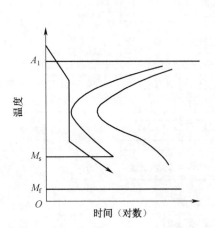

图2-2-4　理想淬火冷却曲线示意

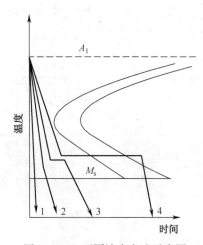

图2-2-5　不同淬火方法示意图
1—单液淬火;2—双液淬火;3—分级淬火;4—等温淬火。

形状复杂的碳钢工件常用此法,即先在水中冷却到300℃左右,再在油中冷却;其优点是马氏体转变时产生的内应力小,可减小变形和开裂;但从第一种介质向第二种介质转移的时间不好掌握,需要操作人员具有较丰富的经验。

分级淬火如图2-2-5中曲线3所示,它是将奥氏体化的钢件迅速地淬入稍高于M_s点的液体介质(盐浴或碱浴)中,适当保温后,待工件内外层都达到介质温度后,立即取出在空气中冷却的淬火方法。

这种方法能有效地减少热应力和相变应力,降低工件变形和开裂倾向,但由于盐浴或碱浴的冷却速度小,故仅适用于形状复杂、截面不均匀、尺寸精度高、要求变形小的工件,如模具、刀具等。

等温淬火如图2-2-5中曲线4所示,它是将奥氏体化后的钢件放入温度稍高于M_s点温度的盐浴或碱浴中,保温足够的时间,使其完成贝氏体转变,然后取出冷却至室温的淬火方法。

这种方法能获得贝氏体组织,尤其是等温淬火得到下贝氏体组织后,工件的塑性和韧性比回火马氏体高。因此,此法适用于尺寸较小、形状复杂、要求变形小的工件,如弹簧、螺栓、轴、丝锥等;但此法生产周期长,生产效率较低。

2.2.4　回火

回火是将淬火钢重新加热到A_1以下某一温度,保温一定时间,然后冷却至室温的热处理工艺。

淬火钢之所以要回火是因为淬火后得到的马氏体组织性能很脆,并有较大的内应力,容易产生变形和开裂,不宜直接使用。另外,淬火马氏体和残余奥氏体都是不稳定的组织,在工件使用中会发生分解,导致零件尺寸的变化。为了获得要求的强度、硬度、塑性和韧性,必须进行回火。

1. 回火时性能变化

图 2-2-6 所示为 40 钢淬火回火后力学性能与回火温度的关系。从图中可见,随着回火温度的升高,其强度、硬度降低,而塑性、韧性增加。显然,这是由于回火时组织转变所引起的。

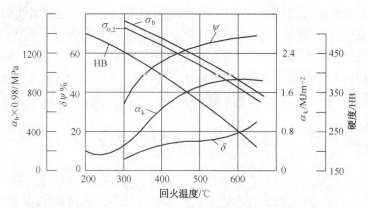

图 2-2-6 40 钢淬火回火后力学性能与回火温度的关系

值得指出的是,淬火钢回火后得到的回火屈氏体、回火索氏体(回火组织),与由奥氏体冷却得到的屈氏体和索氏体(退火组织)相比较,在硬度相同的条件下尽管强度极限相近,但屈服极限、塑性相差很大。图 2-2-7 是含碳 0.84% 的钢退火组织和回火组织力学性能的比较。从图中可见,后者性能要好得多。

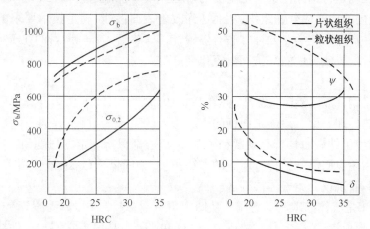

图 2-2-7 含碳 0.8% 的钢片状(实线)与粒状(虚线)组织的力学性能比较

2. 回火种类

一般情况下,重要的钢件都要经过淬火和回火,这样处理后机件所要求的性能由淬火的质量和合理的回火来保证。在淬火获得细小马氏体的前提下,机件的性能主要取决于回火温度。按照回火温度的高低,一般将其分为 3 种,即低温回火、中温回火和高温回火。

低温回火的加热温度在 150~250℃ 之间。回火后得到回火马氏体组织。低温回火能使钢在保持高硬度与耐磨性的同时脆性降低。这种回火适用于高碳钢工具、模具以及表面渗碳、表面淬火的零件。

近年来,为了充分发挥材料强度潜力,将含碳 0.10% ~ 0.25% 的低碳钢淬火并低温回火,低温回火后的低碳马氏体只有碳原子的偏聚,没有碳化物的析出,其组织形态保持不变。

中温回火的加热温度在 350 ~ 500℃ 之间。回火后的组织为回火屈氏体。中温回火后,钢具有高的弹性极限、屈服强度和一定的韧性。因此,适用于处理各类弹簧及工夹具。

高温回火的加热温度在 500 ~ 650℃ 之间。回火后的组织为回火索氏体。高温回火后,钢具有了良好的综合力学性能,即强度、塑性和韧性都比较好。通常把淬火加高温回火称为调质处理,它广泛用于各种重要的结构件,如轴、齿轮、连杆等的预先热处理;也可作为一些精密工件如量具、模具等的预先热处理。

2.3 钢的表面热处理

许多机器零件,如齿轮、凸轮、曲轴等,工作在交变载荷、冲击载荷及摩擦的条件下,要求其表面具有较高的硬度、耐磨性和疲劳强度,而心部具有一定的强度和足够的韧性。对于这类零件,仅靠合理选材和整体热处理很难满足使用性能的要求,必须通过表面处理来改变零件表面的组织和性能。钢的表面热处理可分为钢的化学热处理和表面淬火工艺。

2.3.1 钢的化学热处理

化学热处理是将钢件置于一定温度的活性介质中保温,使一种或几种元素渗入其表层,以改变表层的化学成分和组织,从而达到改善表面性能、满足技术要求的一种热处理工艺。航空件常用的化学热处理方法有渗碳、渗氮、渗铝、渗硅等,目的在于提高工件的表面硬度、耐磨性、抗疲劳性能和抗高温氧化性。

1. 渗碳

渗碳是将钢件放入渗碳气氛中,并在 900 ~ 950℃ 的温度下加热、保温,使其表层增碳的一种化学热处理。由于渗碳是向钢的表层渗入碳原子的过程,并通过随后淬火和回火处理,所以能使工件表面具有高硬度和耐磨性,而心部保持一定的强度和较高的韧性。它广泛应用于齿轮、轴、活塞销等。渗碳的方法很多,如固体渗碳法、液体渗碳法、气体渗碳法、真空渗碳等,现仅介绍气体渗碳法。

图 2-3-1 是气体渗碳法示意图。从图中可见,将煤油(甲苯、丙酮等)滴入炉内并使之受热汽化,形成渗碳气体,其主要成分为 CO 和 CH_4。高温下它们与工件接触并在其表面发生下列反应,生成活性碳原子,即

$$2CO \longrightarrow [C] + CO_2$$
$$CH_4 \longrightarrow [C] + 2H_2$$
$$CO + H_2 \longrightarrow [C] + H_2O$$

然后,活性碳原子溶入高温奥氏体并向钢内部扩散,从而形成一定深度的渗碳层。渗碳层的深度与时间有关,通常可按 0.2 ~ 0.25mm/h 计算。

渗碳后的钢件表面含碳量最高,一般含碳量为 0.9% ~ 1.2%;由表面向内含碳量逐渐降低,直至钢的原始含碳量。

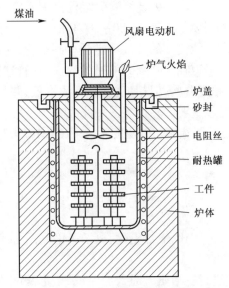

图 2-3-1　气体渗碳法示意图

　　工件渗碳后必须进行淬火加低温回火处理,才能发挥渗碳层的作用。渗碳工件常用的淬火工艺有 3 种,即直接淬火法、一次淬火法和二次淬火法。图 2-3-2 是它们的热处理工艺曲线。现主要介绍生产上广泛应用的一次淬火法。

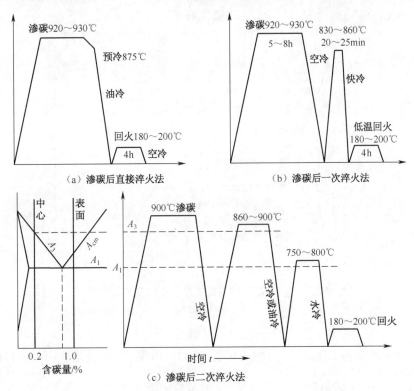

图 2-3-2　渗碳后的 3 种热处理工艺

从图 2-3-2(b)可见,一次淬火法是将渗碳工件出炉空冷;然后再重新加热至 830~860℃,保温 20~25min 进行淬火;最后在 180~200℃ 回火。这种方法比直接淬火法多了一道淬火工艺,故而得名。它能使钢的奥氏体晶粒得到细化,所以能提高钢的力学性能;与二次淬火法相比,则少了一道在 750~800℃ 时的淬火,尽管这样处理之后,钢件的表层和心部组织比后者的细化程度差些,但却工艺简单、成本低,并且使变形的程度和开裂的可能性减少。因此,一般比较重要的零件多采用此法。

渗碳工件经淬火+低温回火后,其硬度为 58~64HRC。对于普通低碳钢,硬度为 10~15HRC。

2. 钢的氮化

氮化是向钢的表层渗入氮原子的化学热处理。其目的在于提高钢件的表层硬度、耐磨性、疲劳强度和耐蚀性。

氮化的方法很多,如气体氮化、液体氮化、离子氮化等,下面仅介绍用得最广泛的气体氮化。

气体氮化在渗氮炉中进行。当氨气通入炉内,就会受热分解出活性氮原子,并渗入钢的表层。氨的分解反应式为

$$2NH_3 \longrightarrow 3H_2 + 2[N]$$

由于 [N] 能固溶于 α-Fe 中,且在 590℃ 时可达 0.1%,从而形成含氮铁素体。图 2-3-3 是 Fe-N 相图,从图中可见,当氮含量超过 α-Fe 的饱和溶解度后,就会形成 $\varepsilon(Fe_2N)$ 和 $\gamma(Fe_4N)$,它们都是高硬度的氮化物。

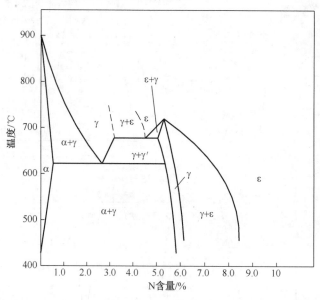

图 2-3-3 Fe-N 相图

图 2-3-4 是氮化工艺曲线,从图中可见,经过 72h 氮化,可获得 0.45~0.55mm 的氮化层。

由于氮化层具有很高的硬度,所以氮化后不再进行热处理。正因为如此,氮化前钢件要进行调质处理,以保证其强度和韧性。

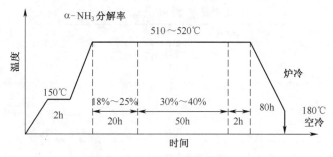

图 2-3-4　常用气体氮化工艺

3. 渗铝

将铝渗入钢件表面的化学热处理称为渗铝。渗铝的目的在于提高钢的高温抗氧化性。经过渗铝的低碳钢或中碳钢工件可在 800~900℃ 下使用。渗铝的方法很多，现仅以低碳钢管的液体渗铝为例说明渗铝的工艺过程。

液体渗铝通常有 3 个步骤。

（1）渗前处理。通常，渗前处理包括助镀前处理、助镀和助镀后处理。而助镀前处理有除油、酸洗并高压水冲洗等工序；助镀是将钢管浸入助镀液中（锌块放入 33% 的工业盐酸中形成）4~6min。助镀的目的是为了防止酸洗后钢管生锈。另外，它还能使工件表面在渗铝时易吸附铝原子。助镀后处理是将工件及时烘干。

（2）渗铝。渗铝在铝液中进行，即将助镀处理后的工件浸入熔融的铝液中，使钢管表面覆上层高浓度的铝。低碳钢渗铝的热浸温度为 780℃±10℃。时间由钢的成分和工件的尺寸决定。如 20 钢管当壁厚为 4.5~6mm 时，以 30min 为宜。生产中一般要控制钢件表面的铝量在 250~400g/m²，才能保证铝液有一定的活性。

（3）扩散退火。扩散退火的温度为 970℃±10℃。在一定时间内，温度越高，铝原子向钢表层的扩散速度越快；但过高的扩散温度，会使钢的晶粒迅速长大，而导致力学性能下降。扩散退火的时间由钢管将要使用的场合及壁厚决定，如 20 钢管当壁厚大于 6mm 时保温时间为 6~8h。

4. 渗硅

渗硅可以显著提高钢的耐热性和耐酸性。它可以在固体、液体、气体介质中进行。现仅介绍工艺简单、质量稳定、应用较多的固体渗硅法。

固体渗硅剂主要由硅铁合金粉粒及氯化铵组成。在高温下二者反应生成 $SiCl_4$，$SiCl_4$ 与工件表面的铁发生作用，生成活性硅原子，即

$$2SiCl_4 + 4Fe \longrightarrow 4FeCl_3 + 3[Si]$$
$$SiCl_4 + 2Fe \longrightarrow 2FeCl_2 + [Si]$$

渗剂中加入的石墨能提高生产率，减少渗剂在表面的粘接。表 2-3-1 列出了常用固体渗硅剂的成分及使用特点。

渗硅层能提高钢件的高温抗氧化能力，但效果比渗铝层差些，且渗硅层硬度不高，仅为 175~230HV。由于渗硅层比较脆，致使渗硅后切削加工比较困难。另外，钢件渗硅后会使强度略微下降，而延伸率与冲击韧性严重降低。

表 2-3-1　常用固体渗硅剂的成分及使用特点

成分/%			参数		使 用 特 点		
硅铁	氯化铵	石墨	温度/℃	时间/h	渗层深度/mm	过渡层深度/mm	表面质量
60	2	38	1050	4	0.9~1.1	0.6~0.7	渗硅剂在工件表面粘接层薄而疏松;厚度为 0.4~0.5mm
40	3	57	1050	4	0.95~1.1	0.6~0.7	渗硅剂在工件表面粘接层薄而疏松;厚度小于 0.4mm

2.3.2　钢的表面淬火

表面淬火是将钢件表面快速加热到淬火温度,在热量尚未传至零件心部时,随即迅速冷却,在其表面获得一定深度淬硬层的热处理工艺。表面淬火后,工件表层为细针状马氏体,心部仍为韧性较高的原始组织(通常为调质后的组织)。

表面淬火的方法很多,现仅介绍工业中广泛应用的高频感应加热表面淬火法。

图 2-3-5 是高频感应加热表面淬火示意图。从图中可见,欲淬火的钢件被套在感应

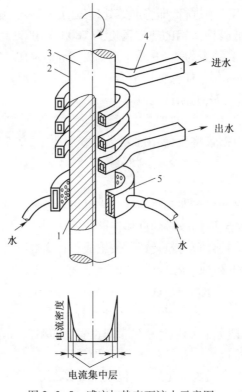

图 2-3-5　感应加热表面淬火示意图
1—加热淬硬层;2—间隙 1.5~3.0mm;3—工件;4—加热感应圈;5—淬火喷水套。

加热器内,当感应加热器接入高频电流时,在它周围便产生交变磁场,同时零件中也产生频率相同而方向相反的感应电流,由于"集肤效应"的缘故,感应电流主要集中在工件表层,并且越靠近表面,电流密度越大,频率越高。在接入的高频电流频率很高的情况下,感应电流全部集中在工件的最表层,而心部的电流密度几乎等于零。其结果仅需几秒或几十秒就使工件表层迅速升温至淬火温度。当工件通过喷水套时,即完成淬火。

高频感应加热表面淬火的加热速度快,生产效率高;淬火后表层组织细、硬度高;工件氧化和脱碳少;并且淬硬层的深度易于控制,使批量大的零件易于实现自动化生产。因此适用于较小的圆柱形零件和小模数齿轮等中小型零件的表面淬火。

感应加热淬火后,需要进行低温回火(170~200℃)以降低淬火残余应力。

2.4　常用热处理设备

热处理是提高机械零件质量和延长使用寿命的关键工序,也是充分发挥金属材料潜力、节约材料的有效途径。正确地选择材料,合理地进行热处理,不仅可以充分减少废品,而且可以显著提高机器零件和模具使用寿命。而任何一种热处理工艺,只有通过相应的设备才能得以实现。

加热和冷却是热处理过程中最关键的两个环节。加热时温度控制应准确。温度过低达不到加热的目的;温度过高会产生过热、过烧、氧化、脱碳等缺陷。冷却时应控制合适的冷却速率,速率过快,会引起开裂、变形;而速率过慢,则达不到所需的强度和性能。

2.4.1　热处理加热炉

热处理炉是实现金属热处理工艺的主要设备,没有先进的热处理炉就不能实现先进的热处理工艺,要实现热处理技术的现代化,需要靠热处理设备的现代化来保证。即热处理设备的先进与否更是决定热处理工艺的重要因素。工业上常用的加热设备为电阻炉和电磁感应加热设备。

1. 电阻炉

电阻炉是利用电流通过金属或非金属电热体放出热量加热工件。电阻炉结构简单,操作方便,炉温分布均匀,温度控制准确,生产中应用最为广泛。国家标准产品中箱式电阻炉有中温箱式电阻炉、金属电热元件的高温箱式电阻炉、碳化硅电热元件的高温箱式电阻炉,这类炉子的炉料一般在空气介质中加热,无装出料机械化装置,供小批量的工件淬火、正火、退火等常规热处理使用。

图2-4-1所示为箱式电阻炉示意图。中温箱式电阻炉通常用于碳钢、合金钢的退火、正火与淬火。

2. 高频电磁感应加热

电磁感应加热具有效率高、能耗少、无污染、易于自动化、适合大批量生产的特点。感应加热技术属于在热处理领域内推广和发展的绿色热处理技术。

感应加热多用于表面淬火,工件利用通有高频电流的感应圈加热。感应圈的形状可仿工件的外形轮廓设计制造,感应圈与零件间的间隙必须合适。淬火时感应圈和淬火喷

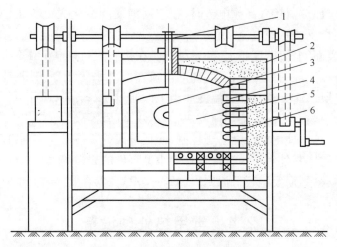

图 2-4-1　箱式电阻炉示意图

1—热电偶；2—炉壳；3—炉门；4—电阻丝；5—炉膛；6—耐火砖。

水套管固定不动，工件在感应圈内旋转并向下移动，以使淬火连续进行。

3. 真空热处理炉

真空热处理炉是在真空环境中进行加热的设备，在金属罩壳或石英玻璃罩密封的炉膛中用管道与高真空泵系统连接，见图 2-4-2 和图 2-4-3。炉膛真空度可达 $133 \times (10^{-2} \sim 10^{-4})$ Pa，炉内加热系统可直接用电阻炉丝（如钨丝）通电加热，也可用高频感应加热。最高温度可达 3000℃ 左右。热处理真空炉的主要应用领域有淬火、回火、退火、渗碳、氮化、渗金属及真空镀膜、钎焊、烧结等。

真空热处理炉具有高效、优质、低耗和无污染等一系列优点，是近代热处理设备发展的热点之一。

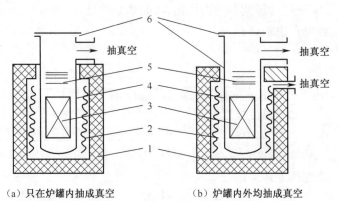

（a）只在炉罐内抽成真空　　　　（b）炉罐内外均抽成真空

图 2-4-2　有罐式真空电阻炉示意图

1—炉衬；2—加热元件；3—工件；4—炉罐；5—反射屏；6—密封圈。

2.4.2　冷却装置

在热处理过程中，为了获得所要求的组织及性能，工件在加热后必须以一定的冷却速度进行冷却。

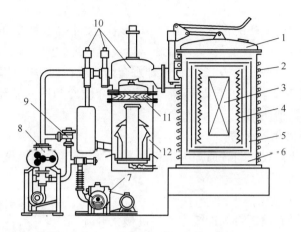

图 2-4-3　无罐式真空电阻炉示意图

1—炉盖;2—冷却水管;3—工件;4—加热元件;5—反射屏;6—炉体;7—机械泵;
8—罗茨泵;9—旁路阀门;10—真空阀门;11—冷阱;12—油扩散泵。

影响工件冷却速度的因素很多,包括冷却方式,介质类型,介质温度以及介质、工件的运动情况和操作方法等。这些因素中大部分均与冷却装置有关。因此,结构合理、性能优良的冷却装置及热处理辅助设备是保证热处理效果和产品质量的根本保证。

冷却装置(冷却设备)是热处理炉不可分割的一部分,有的热处理炉(某些连续炉、密封箱式炉等)本身就包括了冷却装置。

淬火槽是装有淬火介质的容器,当工件浸入槽内冷却时,需能保证工件以合理的冷却速度均匀地完成淬火操作,使工件达到技术要求。

淬火槽结构比较简单,主要由槽体、介质供入或排出管、溢流槽等组成,有的附加有加热器、冷却器、搅拌器和排烟防火装置等,如图 2-4-4 所示。

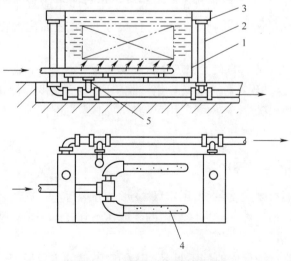

图 2-4-4　转换冷却式淬火槽

1—淬火槽;2—介质排出管;3—溢流槽;
4—介质供入管;5—事故排油管。

1. 普通淬火槽

普通淬火槽是用途最广的淬火槽,其结构、形状、尺寸也多种多样,选择和确定的原则,主要根据产量和淬火工件的尺寸、单件重量以及热处理炉的工作尺寸和操作条件来决定。对于产量不大的小型淬火槽,多采用冷却水套结构或在油槽内侧安装螺旋形水管、蛇形管进行冷却;对于产量较大的淬火槽,常附设淬火介质冷却用的循环装置,将热介质经冷却后再循环回淬火槽使用。

2. 周期作业机械化淬火槽

周期作业机械化淬火槽与普通淬火槽相比,设有提升工件的机械化装置,采用机械、液压或气动方式传动。

3. 连续作业式机械化淬火槽

这种淬火槽中设有输送带等连续作业的机械化升降运送装置,常与连续式热处理炉配合使用。主要用于处理形状规则的各种小型零件的大批量连续生产。

4. 冷处理设备

冷处理是将淬火工件冷至室温以下的低温保温,促使钢中残余奥氏体继续转变,以达到提高硬度、稳定组织和工件尺寸的效果。冷处理温度一般为 $-60 \sim -120℃$,最低可达 $-200℃$。

目前,热处理生产上常用的冷处理设备可分为 3 类,包括使用干冰的冷处理设备、使用液化气体的冷处理设备和冷冻机式冷处理设备。

2.5 常见热处理缺陷及防止措施

2.5.1 氧化与脱碳

钢在加热时,其中的铁会和加热介质中的氧发生反应生成氧化膜。随着温度升高或时间延长,氧化膜会不断增厚并剥落,致使工件尺寸变小,表面变得粗糙。因此设计时要加大加工余量。

同时,钢在加热时,其中的碳与加热介质中的氧发生反应,生成气体逸出钢外。使钢表层的碳含量降低,这种现象称为脱碳。钢件脱碳后,表面硬度降低,耐磨性下降。

为了防止氧化和脱碳,生产中常采用可控气氛加热。此外,用盐浴加热或高温短时快速加热等方法也可减轻氧化和脱碳。

2.5.2 淬火缺陷及预防

常见的淬火缺陷有硬度不足、出现软点、变形与开裂等。

硬度不足一般是指工件的较大区域内的硬度达不到技术要求。造成硬度不足的原因很多,主要有以下几点:

(1)加热温度过低或保温时间不足是产生硬度不足的主要原因。因为这样会使奥氏体中的碳含量不够;或者使其中成分不均匀;甚至没有完成全部转变,使组织中还残存着未转变的珠光体或未溶的铁素体等,从而使淬火后得不到足够硬度的马氏体。

（2）工件在淬火冷却过程中，因冷却速度不够而发生部分奥氏体分解，形成了珠光体或贝氏体，结果导致淬火后得到的马氏体量减少，而造成硬度不足。

另外，表面脱碳或操作不当，也能造成工件硬度不足。

软点是指工件上许多小区域内的硬度不足。它往往是工件磨损或疲劳破裂的中心，因此会显著地降低工件的使用寿命。所以工件上不允许存在软点。

淬火剂冷却能力不够时往往会造成软点，如水中混入油或肥皂等杂质时就会形成软点。

另外，工件浸入淬火剂的方式不当（如互相接触或堆在一起），或在介质中运动不充分，从而使工件各部分冷却不均匀也会形成软点。

此外，由于工件表面不清洁，如有氧化皮或污垢，会造成表面冷却不均匀而形成软点。

变形和开裂都是由淬火应力引起的常见缺陷。淬火应力包括热应力和组织应力。前者是工件内部温度分布不均引起的应力；后者是工件各部分转变为马氏体时体积膨胀不均所引起的应力。淬火应力超过钢的屈服极限时会引起工件变形；淬火应力超过钢的强度极限时则引起开裂。

为了减少变形，防止开裂，常采用以下措施。

（1）正确选用钢材。对截面尺寸相差悬殊、形状复杂的零件，应选用淬透性大的钢，以便采用油冷淬火，以减少变形，防止开裂。

（2）合理设计零件。图2-5-1是一些零件结构设计的实例。从图中可见，要尽量减少尖角、沟槽和截面突变；尽量使零件对称；孔的位置和间距应恰当并避免盲孔；为使工件冷却均匀，可适当增加工艺孔；或将整体件改成组装件等。这样都可以减少变形，预防开裂。

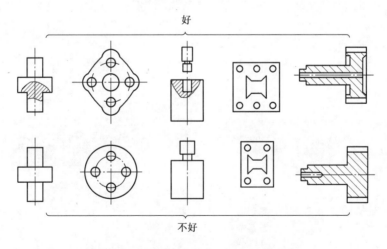

图2-5-1 减少淬火变形和开裂的设计措施

（3）采用合理的热处理工艺。如淬火前先进行正火或退火，能使晶粒细化、组织均匀，从而减少淬火应力；采用适当的冷却方法，如等温淬火、双液淬火等；对形状复杂的零件还要正确地掌握浸入淬火剂的方法，如图2-5-2所示，都能有效地减少变形，避免开裂。

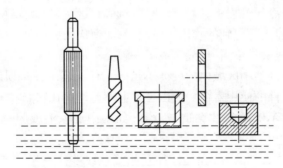

图 2-5-2 零件浸入淬火冷却介质方法示意图

第3章
焊　接

焊接是主要的成形方法,它能将分离的构件连接成牢固的整体,组成各种零件和结构。大到万吨级舰船,小到仪器上的零件都广泛地使用焊接技术。

3.1　概　述

在焊接方法广泛应用以前,连接金属的结构件主要靠铆接。目前,在工业生产中,大量铆接件已由焊接件所取代,焊接已成为制造金属结构和机器零件的一种基本工艺方法。此外,焊接还可用于修补铸、锻件的缺陷和磨损的机器零件。

3.1.1　焊接定义及特点

1. 焊接定义

焊接是两种或两种以上同种或异种材质,通过加热或加压或同时加热或加压(或两者并用),使这些材料达到原子间的结合面连接成为一个不可拆卸的整体的加工方法。通常,在实施焊接的过程中,要采用一定形式的热源对焊件进行加热,或者采用一定的机械方法对焊件进行加压。

焊接过程中被连接的两个物体(构件、零件等),可以是各种同类或不同类的金属、非金属(石墨、陶瓷、玻璃、塑料等),也可以是一种金属与一种非金属。由于金属连接在现代工业中具有很重要的意义,因此,讨论焊接过程一般以金属的焊接为主。金属焊接过程中,可不加填充金属,也可根据实际需要添加合适的填充金属。

焊接时,经受加热熔化又随后冷却凝固的那部分金属,称为焊缝。被焊的工件材料,称为母材(或称基本金属)。两个工件连接处,称为焊接接头,它包括焊缝及焊缝附近的一段受热影响的区域(图3-1-1)。焊缝各部分的名称如图3-1-2所示。

2. 焊接的特点和应用

1) 焊接的特点

(1) 焊接可节约金属材料,且工序简单,生产周期短,容易实现机械化和自动化,有利于产品更新。

（2）可用型材等拼焊成焊接结构件,以代替大型复杂的铸件,使制造的工艺简单化,劳动强度低,达到降低成本的目的。

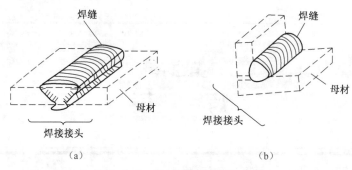

图 3-1-1　母材、焊缝和焊接接头

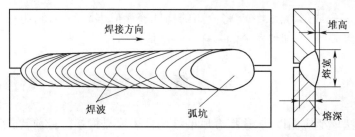

图 3-1-2　焊缝各部分名称

（3）设备简单,操作方便,产品刚度大,成本低,整体性好。接头密封性好,容易保证气密性和水密性。

（4）焊接是一种不可拆连接,它不仅可以连接各种同质金属,也可以连接不同质的金属,如麻花钻头的工作部分和柄部的连接、硬质合金刀片和刀杆的焊接,焊接还可以使一些非金属材料达到永久结合的目的,如塑料焊接和玻璃焊接及陶瓷焊接。

但是,目前焊接技术尚存在一些不足的地方,如对某些材料的焊接有一定困难,影响焊接质量的因素较多,焊接接头组织不均匀,容易产生应力和变形。

2）焊接的应用

在现代材料加工技术中,焊接已成为制造金属合金结构和机械零件不可缺少的工艺方法。近年来随着空间技术的发展,一些新开发的高合金材料,如铌合金、铝锂合金和特种金属陶瓷,以及运载火箭需要的各种耐热、耐腐蚀的材料、具有特殊功能的膜材料,核动力装置需要的钛、不锈钢、锆合金等的相继使用,给焊接技术提供了广阔的发展空间,随着焊接技术的不断发展,在未来的工业领域,焊接技术更有着无限的发展前景。

3.1.2　焊接方法及分类

按照所使用的能源及焊接过程中被焊金属所处状态不同,可分为熔化焊、压力焊(固相焊)和钎焊三大类,以及与焊接有密切关系的相关技术,如切割、表面喷涂、有机粘接等成形方法,如图 3-1-3 所示。

熔化焊接是利用局部加热的方法,使焊件的接触处达到熔化状态,然后再加入填充材料,使焊件相互扩散、融合,冷凝后彼此结合在一起。熔化焊根据焊件加热方法不同,又分成气焊和电焊两类。

压力焊接又称固相焊接,是在对焊件加热或不加热的同时,采用加压、摩擦、扩散等物理方法促使原子间产生结合,使焊件材料的接触面紧密接触,而形成两焊件的牢固和永久的连接方法。一些压力焊接方法伴随有熔化结晶过程,如电阻点焊、缝焊等。

钎焊是把比材料熔点低的钎料熔化到液态,然后使其渗透到被焊材料的间隙中,使被焊材料连接在一起的焊接方法,它与熔化焊接熔化连接方式不同,如车刀的刀头焊接就是通过钎焊的方法焊接的。

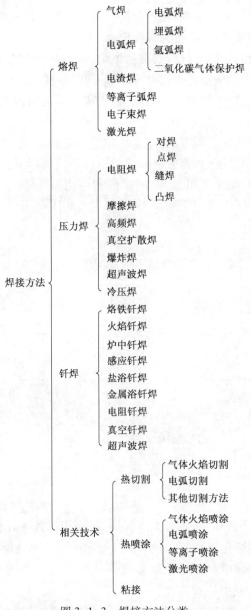

图 3-1-3 焊接方法分类

3.2 电 弧 焊

3.2.1 焊接电弧

很多重要的焊接方法都采用焊接电弧作为热源,因为较之其他热源,它更容易获取和易于控制。焊接电弧实质上是在一定的条件下,电荷通过两电极间的气体空间的一种导电现象。在这一过程中,电能转换成热能、机械能和光能。焊接时主要是利用其热能和机械能来达到连接金属的目的。

在两个电极之间的气体介质中,强烈而持久的气体放电现象称为电弧,发生在焊接电极与工件间隙电离后的放电现象,称为焊接电弧。

焊接时,先将焊条和焊件瞬时接触,发生短路,短路电流流经几个接触点,使接触点的温度急剧升高并熔化,当焊条迅速提起时,高温的两电极间产生热电子,在电场的作用下,电子撞击焊条和焊件间的空气,使之电离成正、负离子并流向两极,这些带电离子的定向移动形成焊接电弧。

在电弧焊中一般有两种引弧方法,即非接触引弧法和接触引弧法。在非熔化极电弧焊中,广泛采用非接触引弧法,如钨极氩弧焊常用高频振荡器引弧,其电压高达 2000V 以上。在熔化极电弧焊中,如手工电弧焊、埋弧焊和熔化极气体保护焊中都采用接触引弧法。电弧的引燃过程如图 3-2-1 所示。电弧焊主要利用在阳极区和阴极区所产生的热量来熔化金属。

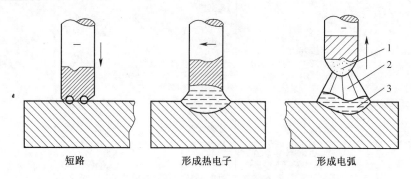

短路　　　　　　　　形成热电子　　　　　　　　形成电弧

图 3-2-1　焊接电弧的形成
1—阴极区;2—弧柱区;3—阳极区。

3.2.2 手工电弧焊

1. 手工电弧焊方法

手工电弧焊(简称手弧焊)也称焊条电弧焊,是利用焊条和焊件之间的稳定燃烧产生的电弧热使金属和母材熔化凝固后形成牢固的焊接接头的一种焊接方法。

手弧焊的焊接过程如图 3-2-2 所示。焊接时以电弧作为热源,电弧的温度可达6000K,产生的热量与焊接电流成正比。

焊接前,找焊钳和工件分别接到弧焊机输出端的两极,并用焊钳夹持焊条。焊接时,

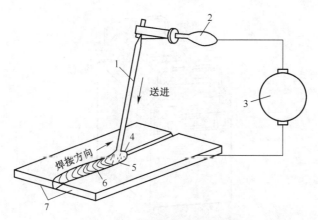

图 3-2-2　手弧焊焊接示意图

1—焊条；2—焊钳；3—弧焊机；4—电弧；5—熔池；6—焊缝；7—工件。

其焊接原理如图 3-2-3 所示，在电弧高热作用下，焊条和被焊金属局部熔化。由于电弧的吹力作用，在被焊金属上形成了一个椭圆形的充满液体金属的熔池。同时熔化了的焊条金属向熔池过渡。随着电弧沿焊接方向前移，被熔化的金属迅速冷却，凝固成焊缝，使两工件牢固地连接在一起。手工电弧焊具有操作灵活、设备简单、焊接材料广泛等优点，在生产中广泛应用。

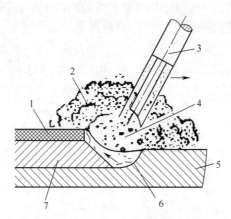

图 3-2-3　手工电弧焊原理

1—熔渣；2—保护气体；3—焊条；4—熔滴；5—母材；6—熔池；7—焊缝。

2. 手工弧焊设备

手工弧焊设备主要是弧焊机，弧焊机有交、直流弧焊机。直流弧焊机又有焊接发电机和焊接整流器。

1）交流弧焊机

交流弧焊机是一种特殊的降压变压器，它将电网输入的交流电变成适宜于电弧焊的交流电。交流弧焊机的结构简单，使用可靠，维修方便。但在电弧稳定性方面有些不足。交流弧焊机的外形如图 3-2-4 所示。

2）直流弧焊机

焊接整流器又称为整流弧焊机，它的结构相当于在交流焊机上加上硅整流元件，把交

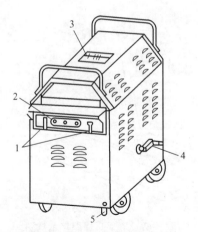

图 3-2-4 交流弧焊机

1—电源两极;2—线圈抽头;3—电源指示盘;4—调节手柄;5—地线接头。

流电变为直流电。这种焊机结构简单,维修方便,稳弧性能好,噪声小,正在逐步取代焊接发电机。

在焊接一般钢结构时,采用优质焊条,交、直流弧焊机在焊接质量和其他方面没有多大区别,但由于交流弧焊机结构简单、节能、制造和维修方便等优点,一般采用交流弧焊机。焊接发电机稳弧性好,经久耐用,电网电压波动的影响小,适用于小电流焊接薄件。

直流弧焊机输出端有固定的正负之分,因此焊接导线的连接有两种接法,即正接法和反接法。正接法是焊件接直流弧焊机的正极,电焊条接负极,如图 3-2-5(a)所示;反接法是焊件接直流弧焊机的负极,电焊条接正极,如图 3-2-5(b)所示。

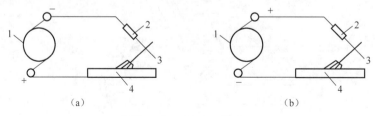

图 3-2-5 整流弧焊机

1—焊机;2—焊钳;3—焊条;4—工件。

在使用酸性焊条焊接较厚的钢板时采用正接法,因局部加热熔化所需的热量比较多,而电弧阳极区的温度高于阴极区的温度,可加快母材的熔化,增加熔深,保证焊缝根部熔透。焊接较薄的钢板或对铸铁、高碳钢及有色合金等材料,则采用反接法,以防烧穿薄钢板。当使用碱性焊条时,按规定均应采用直流反接法,以保证电弧燃烧稳定。

3)手弧焊辅助设备及工具

手弧焊辅助设备和工具有焊钳、焊接电缆、面罩、敲渣锤、钢丝刷和焊条保温筒等。

(1)焊钳。焊钳是用以夹持焊条进行焊接的工具。常用的焊钳有 300A 和 500A 两种,如表 3-2-1 所列。

(2)焊接电缆。焊接电缆是由多股细铜线电缆组成,一般可选用 YHH 型电焊橡皮套电缆或 YHHR 型电焊橡皮套特软电缆。电缆断面可根据焊机额定焊接电流参数表 3-2-2

选择。焊接电缆长度一般不宜超过 20~30m。

表 3-2-1　焊钳参数

型号	额定电流/A	电缆直径/mm	使用焊条直径/mm	外形尺寸/mm
G352	300	14	2~5	250×80×40
G582	500	18	4~8	290×100×45

表 3-2-2　额定焊接电流参数表

额定电流/A	100	125	160	200	250	315	400	500	630
电缆截面/mm^2	16	16	25	25	50	70	95	120	150

（3）面罩。面罩是为了防止焊接时的飞溅、弧光及其他辐射对焊工面部及颈部损伤的一种遮蔽工具,有手持式和头盔式两种。

3. 焊条

焊条除了影响电弧的稳定性外,还对焊缝金属的化学成分及力学性能有直接的影响。因此,焊条的优劣是决定手工电弧焊质量的主要因素。

1）焊条的组成及作用

焊条是由焊条芯和药皮两部分组成,如图 3-2-6 所示,H 表示焊接时焊钳的夹持部分,ϕ 表示焊条直径,L 表示焊条的长度。部分焊条的直径和长度规格见表 3-2-3。

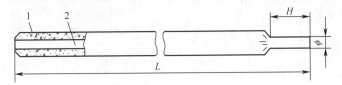

图 3-2-6　焊条的组成
1—药皮;2—焊芯。

表 3-2-3　焊条的直径和长度规格

焊条直径/mm	2.0	2.5	3.2	4.0	5.0	5.8
焊条长度/mm	250	250	350	350	400	400
	300	300	400	400	450	450
				450		

（1）焊芯。焊芯除了作为电极,起导电作用外,还作为填充金属,与熔化的母材共同组成焊缝金属。另外,还可起向焊缝添加合金元素的作用。手工电弧焊焊条焊芯金属占整个焊缝金属的 50%~70%,焊芯用的钢必须经特殊冶炼。

（2）药皮。在一般情况下,焊条的质量和性能主要取决于药皮的成分。几种重要的药皮类型的主要成分、各成分的主要作用及药皮特点分别见表 3-2-4 及表 3-2-5。

2）焊条的种类与型号

习惯上,按焊条药皮的化学成分不同,可分为酸性氧化物焊条和碱性氧化物焊条两大类。

表 3-2-4　几种重要的药皮类型的主要成分及特点

药皮类型	纤维素型		酸 性		金红石型		碱 性	
	成分	含量/%	成分	含量/%	成分	含量/%	成分	含量/%
组成	纤维素	40	磁铁矿 Fe_3O_4	50	金红石 TiO_2	45	荧石 CaF_2	45
	金红石 TiO_2	20	石英 SiO_2	20	磁铁矿 Fe_3O_4	10	碳酸钙 $CaCO_3$	40
	石英 SiO_2	25	碳酸钙 $CaCO_3$	10	石英 SiO_2	20	石英 SiO_2	20
	Fe-Mn	15	Fe-Mn	20	碳酸钙 $CaCO_3$	10	Fe-Mn	10
	水玻璃		水玻璃		Fe-Mn 水玻璃	15	水玻璃	
特点	几乎没有渣 中等熔滴过渡 韧性好		渣的凝固周期长 细颗粒至喷射过渡 韧性一般		渣的凝固周期中 中等毛细颗粒过渡 韧性好		渣的凝固周期长 中等至大颗粒过渡 韧性很好	

表 3-2-5　药皮类型成分的作用

焊条药皮成分	对焊接性能的作用
石英 SiO_2	提高导电性,降低渣的厚度
金红石 TiO_2	改善脱渣性和焊缝成形,好的再引弧性
磁铁矿 Fe_3O_4	溶滴过渡细化
碳酸钙 $CaCO_3$	降低电弧电压,制气制渣
荧石 CaF_2	强稀释剂,使焊缝中气体易于逸出,但使电离作用变坏,破坏电弧稳定
$K_2O \cdot Al_2O_3 \cdot 6SiO_2$	增加电弧稳定性
Fe-Mn/FeSi	脱氧
纤维素	造气
$Al_2O_3 \cdot 2SiO_2 \cdot 2H_2O$	润滑剂
钾或钠水玻璃 K_2SiO_3/Na_2SiO_3	粘接剂

（1）酸性氧化物焊条。其药皮中主要含有 TiO_2、FeO 和 SiO_2 等酸性氧化物,焊条药皮的氧化性较强,合金元素烧损多,焊接力学性能特别是冲击韧性较差。优点是工艺性能良好,成形美观,对油、锈和水分的敏感性不大;焊接使碳的氧化造成熔池沸腾,有利于气体的排出,抗气孔能力强。

（2）碱性氧化物焊条。其药皮中主要含有 $CaCO_3$、CaF_2、MnO_2 和 $MgCO_3$ 等碱性氧化物。碱性焊条主要优点是焊缝金属的抗裂性良好,力学性能特别是冲击韧性较高。碱性焊条主要缺点是工艺性能差,易吸潮,对油、锈、水分等脏物敏感性强,脱渣性极差等。

组成各种型号药皮的酸性氧化物和碱性氧化物在焊接时会同合金元素蒸发氧化,变成各种有毒物质,呈气溶胶状态逸出,有碍人的身体健康,尤其是碱性焊条比酸性焊条危害性大。

国家机械工业部 1997 年编制的《焊接材料产品样本》,按其用途将焊条牌号分为十大类。表 3-2-6 列出了焊条大类、牌号、代号和对应关系。

表 3-2-6　焊条型号和统一牌号的分类对应关系

国　际			《焊接材料产品样本》			
型号（按化学成分分类）			统一牌号（按用途分类）			
国家标准号	名称	代号	类别	名称	代号	
					字母	汉字
GB 5117—85	碳钢焊条	E	一	结构钢焊条	J	结
GB 5118—85	低合金钢焊条	E	一	结构钢焊条	J	结
			二	钼和铬钼耐热钢焊条	R	热
			三	低温钢焊条	W	温
GB 983—85	不锈钢焊条	E	四	不锈钢焊条	G	铬
					A	奥
GB 984—85	堆焊焊条	ED	五	堆焊焊条	D	堆
GB 10044—85	铸铁焊条	EZ	六	铸铁焊条	Z	铸
			七	镍及镍合金焊条	Ni	镍
GB 3670—83	铜及铜合金焊条	TCu	八	铜及铜合金焊条	T	铜
GB 3669—83	铝及铝合金焊条	TAl	九	铝及铝合金焊条	L	铝
			十	特殊用途焊条	TS	特

表 3-2-7 所列为碳钢焊条的型号按国家标准表示的示例。

表 3-2-7　焊条型号示例

通式：	E	××	×	×
例：	J	50		7
符号意义：	表示焊条类别	表示熔敷金属抗拉强度的最小值（E43 系列 $\sigma_b \geq$ 420MPa，E50 系列 $\sigma_b \geq$ 490MPa）	表示焊条适合的焊接位置（0 和 1 表示可用于全位置焊接，2 表示用于平焊和平角焊，4 表示用于向下立焊）	表示焊条药皮类型和使用电流种类

　　焊条牌号一般用 1 个大写拼音字母和 3 个数字表示，前两位数字表示焊缝金属标准强度等级，最后一个数字表示药皮类型和使用电流种类。例如，J507，J 表示结构钢焊条，50 表示焊缝金属抗拉强度不低于 490MPa，7 表示低氢型（碱性）药皮和用直流电焊接。

　　焊条的选用应根据钢材的类别、化学成分及力学性能，结构的载荷、温度、介质和结构的刚度特点等进行综合考虑，必要时，需要进行焊接试验来确定焊条型号和牌号。

4. 焊接工艺

　　手工电弧焊的工艺参数有焊条直径、焊接电流、电弧电压、焊接速度、焊道层数、电源种类和极性等。

　　1）焊条直径的选择

　　根据被焊工件的厚度（表 3-2-8）、接头形状、焊接位置和预热条件来选择焊条直径。

表 3-2-8 焊条直径的选择

板厚/mm	1~2	2~2.5	2.5~4	4~6	6~10	>10
焊条直径/mm	1.6~2.0	2.0~2.5	2.5~3.2	3.2~4.0	4.0~5.0	5.0~5.8

带坡口多层焊时,首层用 ϕ3.2mm 焊条,其他各层用直径较大的焊条。立、仰或横焊,使用焊条直径不宜大于 ϕ4.0mm,以便形成较小的熔池,减少熔化金属下淌的可能性。焊接中碳钢或普遍低合金钢时,焊条直径应适当比焊接低碳钢时要小一些。

2)焊接电流的选择

焊接电流的选择主要取决于焊条的类型、焊件材质、焊条直径、焊件厚度、接头形式、焊接位置及焊接层数等。在使用一般碳钢焊条时,焊接电流大小和焊条直径的关系为

$$I = (35 \sim 55)d \tag{3-1}$$

式中:I 为焊接电流(A);d 为焊条直径(mm)。

3)电弧电压的选择

电弧电压是由电弧的长度决定的,焊接过程中,要求电弧长度不宜过长;否则出现电弧燃烧不稳定的现象。

4)焊接速度

较大的焊接速度可以获得较高的焊接生产率,但是,焊接速度过大会造成咬边、未焊透、气孔等缺陷,而过慢的焊接速度,又会造成熔池满溢、夹渣、未熔合等缺陷。对于不同的钢材,焊接速度还应与焊接电流和电弧电压有合适的匹配。

5)焊接层数的选择

多层多道焊有利于提高焊接接头的塑性和韧性,除了低碳钢对焊接层数不敏感外,其他钢种都希望采用多层多道无摆动法焊接,每层增高不得大于 4mm。

6)焊接接头和焊缝类型

焊接接头包括焊缝、熔化区和热影响区,是一个性能不均匀的区域,如图 3-2-7 所示。

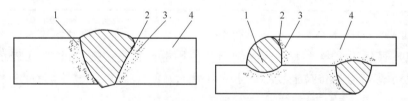

图 3-2-7 熔焊焊接头的组成

1—焊缝;2—熔合区;3—热影响区;4—母材。

焊接接头的设计应按焊件在规定的使用条件下所要求的强度和可靠性而定,在手工电弧焊中,主要根据焊件的厚度、结构形状和使用条件,以及焊接成本,合理地选用不同的接头形状。根据国家标准,焊接接头形式分为对接接头、搭接接头、角接头和 T 形接头（十字形接头）。

为使厚度较大的焊件(大于 6mm)能够焊透,以获得足够的焊接强度和致密性,常将

金属材料边缘加工成一定形状的坡口,坡口能保证电弧深入到焊缝根部,使工件焊透。在实际生产中一般应尽量选用对接接头。按照焊件厚度和坡口的不同,对接接头形式如图 3-2-8 所示。

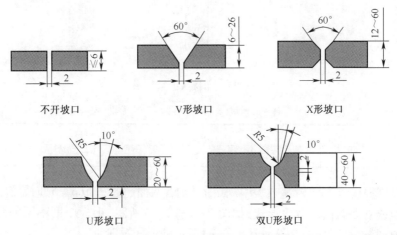

图 3-2-8 对接接头坡口形式

搭接接头也是一种常用的接头方式。搭接接头根据其结构特点和强度要求不同,分为直缝不开坡口、圆孔内塞焊和长孔内角焊,如图 3-2-9 所示。

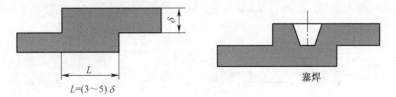

图 3-2-9 搭接接头的形式

T 形(十字形)接头是将相互垂直的被连接件用角焊缝连接,是一种典型的电弧焊接头,T 形(十字形)接头按照焊件厚度的不同和承受载荷的要求分为不开坡口、单边 V 形坡口、K 形坡口、单边双 U 形坡口,如图 3-2-10 所示。

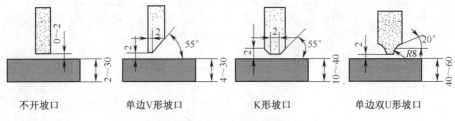

图 3-2-10 十字形接头的坡口形式

角接头常用于箱形构件,角接头分为不开坡口、单边 V 形坡口、V 形坡口、K 形坡口,如图 3-2-11 所示。角接头的应力集中情况在根部和过渡处最严重,减少焊接尺寸以及减少过渡斜率可降低应力集中。

不同厚度金属材料的重要对接接头,允许的厚度差如表 3-2-9 所列。

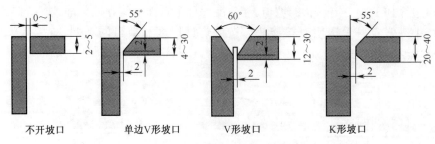

图 3-2-11　角接头的坡口形式

表 3-2-9　不同厚度金属材料对接时允许的厚度差　　（单位:mm）

较薄板的厚度	2~5	6~8	9~11	≥12
允许厚度($\delta_1-\delta$)	1	2	3	4

如果允许厚度差($\delta_1-\delta$)超过表中规定值,或者双面超过 2.5($\delta_1-\delta$)时,较厚板板料上加工出单面或双面斜面的过渡形式,如图 3-2-12(a)所示,钢板厚度不同的角接头与 T 形接头受力焊缝,可采用图 3-2-12(b)、(c)所示的形式过渡。

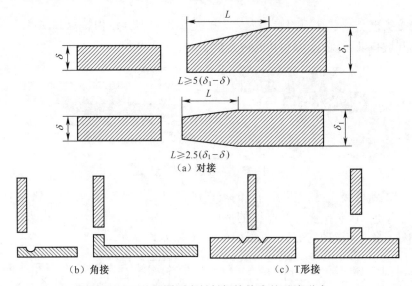

图 3-2-12　不同厚度材料焊接接头的过渡形式

在焊接时依照焊缝在空间的位置不同,焊接方法有平焊、立焊、横焊和仰焊 4 种,如图 3-2-13 所示。

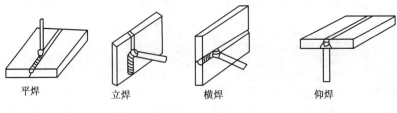

图 3-2-13　焊接方法

5. 手工电弧焊的基本操作技术

1）引弧

引弧使焊条和焊件之间产生稳定的电弧。引弧时,使焊条末端与焊件表面相接处形成短路,然后迅速将焊条向上提起 2~4mm 的距离,即可引燃电弧。引弧方法有两种,即敲击法和摩擦法,如图 3-2-14 所示。

2）运条

电弧引燃后,焊条要有 3 个方向的运动,如图 3-2-15 所示,一是沿焊条轴线方向向熔池方向送进,以保持焊接电弧的弧长不变,二是沿焊接方向均匀移动,三是焊条沿焊缝做横向摆动,以获得一定宽度的焊缝。常用的运条路线如图 3-2-16 所示。

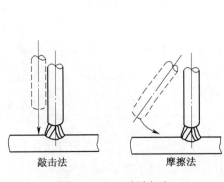

图 3-2-14 引弧方法

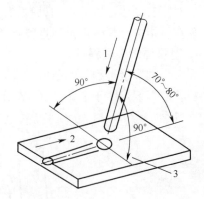

图 3-2-15 焊条的移动

1—向下送进;2—焊件方向;3—横向移动。

（a）直线运条　（b）直线往复运条　（c）锯齿形运条　（d）月牙形运条

（e）斜三角形运条　（f）正三角形运条　（g）正圆圈形运条　（h）斜圆圈形运条

（i）八字形运条

图 3-2-16　基本的运条方法

3）焊缝的收尾

焊缝的收尾是指一根焊条焊完后的熄弧方法。焊接结尾时,为了使熔化的焊芯填满焊坑,不留尾坑,以免造成应力集中,焊条应停止向前移动,而朝一个方向旋转,直到填满弧坑,再自下而上慢慢拉断电弧,以保证结尾处形成焊缝具有良好的接头。

3.2.3 埋弧焊

埋弧焊是当今生产率较高的机械化焊接方法之一,又称焊剂层下自动电弧焊,是将焊接过程中的引燃电弧、焊丝送进及电弧移动等动作由手工完成改为由机械完成,且通过焊丝和工件之间的电弧在焊剂层下将金属加热燃烧,使被焊件之间形成焊接接头的焊接方法。根据其自动化程度的不同,埋弧焊分为半自动埋弧焊(移动电弧由手工完成)和自动焊。现在所指的埋弧焊都是指埋弧自动焊。

1. 埋弧焊焊接过程

埋弧焊的焊接过程与焊条电弧焊基本一样,热源也是电弧,但把焊丝上的药皮改变成了颗粒状的焊剂。由于电弧是埋在焊剂下面的,故称埋弧焊。埋弧自动焊的焊接过程如图 3-2-17 所示。

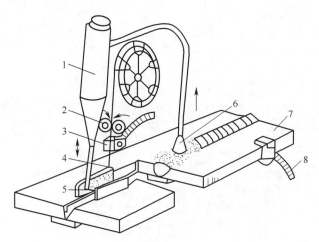

图 3-2-17　埋弧自动焊的焊接过程
1—焊剂斗;2—送丝轮;3—导电器;4—焊丝;5—焊剂;6—焊剂回收器;7—焊件;8—电缆。

焊件接口开坡口(30mm 以下可不开坡口)后,先进行定位焊,并在焊件下面垫金属板,以防止液态金属的流出。接通焊接电源开始焊接时,送丝轮由电动机传动,将焊丝从焊丝盘中拉出,并经导电器送向电弧燃烧区。焊剂由送焊剂斗流出,均匀地堆敷在装配好的焊件上,堆敷高度为 30~60mm,焊接电源的两极分别接在导电器和母材上,在焊剂的两侧装有挡板以免焊剂向两面散开,焊完后便形成焊缝与焊渣。部分未熔化的焊剂,由焊剂回收器吸回到焊剂斗中,以备继续使用。

2. 埋弧焊焊接特点

埋弧自动焊与手工电弧焊相比,其生产率高、焊缝质量高、成本低、劳动条件好。

埋弧自动焊主要用于成批生产的碳钢、低合金结构钢、不锈钢和耐热钢等中厚板(厚度为 6~60mm)结构工件处于水平位置的长直焊缝及较大直径(一般不小于 250mm)的环形焊缝。在造船、锅炉、压力容器、桥梁、起重机械、车辆、工程机械、核电站等工业生产中埋弧自动焊得到广泛应用。此外,它还可以用于耐磨、耐腐蚀的合金堆焊、大型球墨铸铁曲轴、锌合金、铜合金等焊接。

埋弧焊的缺点是:适应性差,通常适合水平位置焊接直缝和环缝,不能焊接空间位置焊缝和不规则焊缝,对坡口加工、清理和装配质量要求较高。

3. 埋弧焊焊接工艺

1)焊前准备

焊前准备工作包括工件的加工和焊材的准备。

(1)工件的加工。主要是厚焊件的坡口加工、焊接区域的清理及焊件的装配等。

① 坡口加工。板厚 $\delta<14\text{mm}$,可以不开坡口;$\delta=14\sim22\text{mm}$ 时,开 V 形坡口;$\delta=22\sim50\text{mm}$ 时,可开 X 形坡口,对于重要构件,开 U 形坡口,以保证根部焊透和无夹渣等缺陷。在 V、X 形坡口中,坡口角度为 $50°\sim60°$,坡口边缘必须平直。

② 焊接区域的清理。焊前应对坡口及焊接部位附近一定区域的表面铁锈去氧化皮,油污清除干净,以保证焊接质量。

③ 工件的装配。焊件装配要求间隙均匀,高低平整,无错边。

(2)焊材的准备。根据制定的焊接工艺要求,选取合适的焊丝和焊剂,并参照有关要求对焊剂进行烘干,对焊丝除油、除绣。再根据埋弧焊所焊接头的形式及位置选取恰当的工艺过程及规范参数。

2)平板对接焊缝

可采用单面焊、双面成形或双面焊接。为了便于焊透,减少焊接变形,一般均采用双面焊,如图 3-2-18(a)所示。不能采用双面焊时,采用单面焊,如图 3-2-18(b)、(c)、(d)所示。

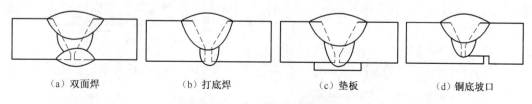

(a)双面焊　　　(b)打底焊　　　(c)垫板　　　(d)铜底坡口

图 3-2-18　埋弧焊对接接头

3)角接焊缝

可采用斜角焊,规范参数选择也要视焊接形式而定。对于双面焊,要注意焊接顺序及规范的合理使用,以提高生产效率,保证焊接质量,防止工件的变形。

3.2.4　气体保护电弧焊

气体保护电弧焊是利用特定的气体作为保护介质,防止有害气体浸入的电弧焊方法。气体保护电弧焊可分为熔化极气体保护电弧焊和不熔化极气体保护电弧焊两大类。熔化极气体保护电弧焊可分为惰性气体熔化极电弧焊(MIG)、CO_2 焊及惰性气体与活性气体的混合气体保护焊(MAG)。不熔化极气体保护电弧焊主要是钨极氩弧焊及等离子弧焊等。

焊接时可用作保护气体的主要有氩气、氦气、二氧化碳气体和混合气体,常用的保护气体有氩气和二氧化碳气体。

1. 氩弧焊

氩弧焊是使用氩气作为保护气体的一种电弧焊方法,氩弧焊分为熔化极氩弧焊和不熔化极氩弧焊,如图 3-2-19 所示。

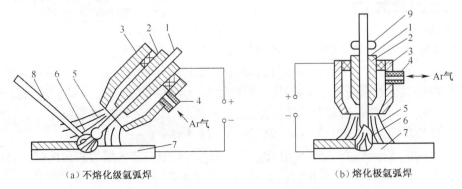

（a）不熔化级氩弧焊　　　　　（b）熔化极氩弧焊

图 3-2-19　氩弧焊示意图

1—焊丝或电极;2—导电嘴;3—喷嘴;4—进气管;5—氩气流;
6—电弧;7—焊件;8—填充焊丝;9—送丝滚轮。

不熔化极氩弧焊的电极是采用高熔点的纯钨、钨等。焊接时,钨极不熔化,仅起引燃和维持电弧的作用,另需焊丝作为填充金属。不熔化极氩弧焊仅适用于焊接 0.5~4mm 的薄板。熔化极氩弧焊使用连续送进焊丝作为电极,焊丝和焊件在氢气的保护下产生电弧,金属熔滴成很细的颗粒作为填充材料,进入到熔池,熔化极氩弧焊电流稳定,可采用较大焊接电流,生产率较不熔化极氩弧焊高,适用于焊接 25mm 以下的中厚板。

几乎所有的金属材料都可以进行氩弧焊,特别适用于焊接易氧化和吸收氢气体的合金钢和有色金属,现在主要用于焊接易氧化的有色金属和高强度合金及难熔性金属和一些特殊性能的合金钢,如不锈钢和耐热钢等。

氩弧焊的电弧加热集中,热影响区小,焊接应力小,变形小,操作灵活,适用于各种位置的焊接,焊后表面没有渣壳,不用清理。

2. 二氧化碳气体保护焊

二氧化碳气体保护焊是以二氧化碳作为保护气体,用连续送进的焊丝作为电极。

二氧化碳气体保护焊具有很多优点,最主要的是气体成本更低,适用于一些活性小的金属焊接,如焊接低碳钢和合金钢,还可以用于一些耐磨零件的堆焊、铸铁的补焊等,二氧化碳气体的密度较大,焊接时隔离空气,保护熔池的效果很好。但是二氧化碳气体保护焊的最大缺点是焊接飞溅大,焊件表面质量不好。此外,二氧化碳气体在高温时会分解成为一氧化碳和氧气,具有一定的氧化作用,故二氧化碳气体保护焊不能焊接易氧化的有色金属。

3.2.5　其他常用熔焊方法

1. 等离子弧焊接和切割

在提高电弧功率的同时,将电弧进行强迫压缩,这时弧柱的温度会急剧增加,使弧柱中气体充分电离,这时形成的电弧为等离子弧,如图3-2-20所示。在钨极与喷嘴之间或钨极与工件之间加一较高电压,经高频振荡使气体电离形成离子弧。当喷嘴直径小,气体流量大和增大电流时,等离子焰自喷嘴喷出的速度很高,具有很大的冲击力,这种等离子弧称为"刚性弧",主要用于切割金属;反之,若将等离子弧调节成温度较低、冲击力较小时,该等离子弧称为"柔性"弧,主要用于焊接。

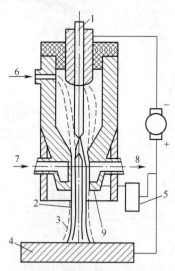

图3-2-20 等离子弧形成示意图
1—电极;2—等离子弧;3—保护气体;4—焊件;5—高频振荡器;
6—保护气体入口;7—进水口;8—出水口;9—水冷喷嘴。

用等离子弧作为热源进行焊接的方法称为等离子弧焊接。焊接时离子气(形成离子弧)和保护气(保护熔池和焊缝不受空气的有害作用)均为氩气。等离子弧焊所用电极一般为钨极(与钨极氩弧焊相同,国内主要采用钍钨极和铈钨极,国外还采用锆钨极和锆极),有时还需填充金属(焊丝)。一般均采用直流正接法(钨棒接负极)。故等离子弧焊接实质上是一种具有压缩效应的钨极气体保护焊。

等离子弧切割是利用高温、等速的等离子弧流,将被切割金属局部熔化、汽化并随即吹掉熔化的金属,以形成细小光整的切口,等离子弧可以切割铸铁、不锈钢、铜合金、铝合金和非金属材料等。

2. 气焊和气割

1)气焊

气焊是利用气体燃烧所产生的高温火焰作热源的焊接方法,最常用的是氧-乙炔焰焊接。气焊设备简单、操作灵活方便、不需电源,但气焊火焰温度较低,且热量较分散,工件变形大,所以应用不如电弧焊广泛。气焊可以进行立、横、仰等各种空间位置的焊接。其接头形式也有对接、搭接、角接和T形接头等。在焊接时,气焊的焊丝作为填充金属,与熔化的母材一起形成焊缝,因此焊丝质量对焊件性能有很大的影响。焊剂的作用是保护熔池金属,除去焊接过程中的氧化物,增加液态金属的流动性,如图3-2-21所示。

(1)气焊的设备。气焊的设备主要是氧气瓶、乙炔气瓶、减压阀和焊炬。

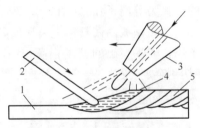

图 3-2-21 气焊示意图

1—工件;2—焊丝;3—焊炬;4—熔池;5—焊缝。

减压阀是将高压气体降为低压气体的调节装置,其作用是将气瓶中流出的高压气体的压力降低到需要的工作压力,并保持压力的稳定。

焊炬的作用是将氧气和乙炔气体按一定比例均匀混合,通过焊嘴喷出,点燃后产生稳定的火焰,一般的焊炬备有 3~5 个不同孔径的焊嘴,以便于焊接不同厚度的焊件,图 3-2-22 所示为常见的焊炬。

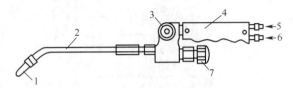

图 3-2-22 常见的焊炬

1—焊嘴;2—混合管;3—乙炔气阀;4—手把;5—乙炔气入口;6—氧气入口;7—氧气阀。

焊炬工作时要先打开氧气阀门,然后再打开乙炔气体阀门,两种气体便可在混合管内均匀混合,控制各阀门大小,可调节氧气和乙炔气体的不同比例。

当氧气和乙炔的比值大于 1.2 时,产生的火焰易使焊接的金属氧化,故称这种火焰为氧化焰,氧化焰的焰心呈锥形,火焰较短,一般在焊接黄铜时使用这种火焰。图 3-2-23 (a)所示为氧化焰。

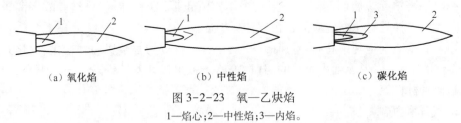

（a）氧化焰　　　　　　　（b）中性焰　　　　　　　（c）碳化焰

图 3-2-23 氧—乙炔焰

1—焰心;2—中性焰;3—内焰。

当氧气和乙炔的比值在 1~1.2 时产生中性焰,中性焰火焰燃烧充分,气焊应在内焰区进行,内焰区的最高温度可达到 3150℃,中性焰常用于焊接碳钢和有色金属。图 3-2-23(b)所示为中性焰。

当氧气和乙炔的比例小于 1 时,则得到碳化焰,整个火焰较长,碳化焰只适用于焊接铸铁和硬质合金钢。图 3-2-23(c)所示为碳化焰。

（2）气焊的操作。气焊前,应彻底清除焊件接头处的锈蚀、油污、油漆和水分等。点火时先将氧气阀门略微打开,以吹掉气路中的残余气体,再打开乙炔阀门,然后点燃火焰。开始点燃的火焰是碳化焰,调整氧气阀,使火焰呈中性焰,右手握焊炬,左手拿焊丝,开始焊接。焊接时为了迅速加热和形成熔池,开始时焊嘴的倾角为 80°~90°,正常焊接时,焊嘴的倾角一般保持在 40°~50°间,将焊丝有节奏地滴入熔池熔化,焊炬和焊丝自左向右以匀速移动。焊接到焊缝的末端时,焊嘴倾角可减小到 20°,工件焊完后应先关乙炔阀门,然后再关氧气阀门,以免发生回火。

2)气割

气割是利用高温的金属在纯氧中燃烧而将工件分离的方法。气割时,先把工件切割处的金属预热到它的燃烧点,然后以高速氧气流把金属氧化物的熔液吹走,以形成整齐的缺口。

气焊和气割所用设备基本相同,所不同的只是气焊时使用气焊炬,而气割时使用割炬。气割割炬如图 3-2-24 所示。

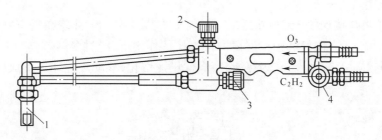

图 3-2-24　气割割炬

1—割嘴;2—切割氧调节阀;3—乙炔调节阀;4—氧气调节阀。

割炬和焊炬相比,增加了输送氧气的管道和阀门,而且割嘴的结构与焊嘴也不同,割嘴的结构是出口有两条通道,周围的一圈是氧气和乙炔的混合气体通道,中间的出口为切割氧气的通道,两条通道互不相通。

符合下列条件的金属才能进行气割。

(1)金属的燃点和金属氧化物的熔点应低于金属本身的熔点;否则使切割质量降低,甚至不能切割。

(2)金属的导热性不能太高;否则使气割处的热量不足,造成气割困难。金属在燃烧时所产生的大量热能应能维持气割的进行。

碳素钢和合金结构钢具有很好的气割性能。

3. 激光焊接和切割

激光焊接是指以聚焦的激光束轰击焊件所产生的热量进行焊接的方法。激光焊接的基本原理如图 3-2-25 所示。

激光器受激产生平行的激光束,通过聚焦系统聚集,使平行光束聚焦成十分微小但能量很高的焦斑,当照射到焊件表面时,光能被工件吸收变为热能,使焊件迅速熔化或汽化,从而实现工件的焊接和切割。

激光焊接和切割的特点是焊接和切割速度快,焊接时焊缝窄,一般小于 1mm。切割时质量高,成本低,被切割的零件无需机械加工即可直接使用,激光切割还可以切割金属、陶瓷、玻璃和塑料等多种材料。

4. 真空电子束焊

电子束焊是利用加速和聚焦的电子束轰击置于真空中的焊件所产生的热量进行焊接

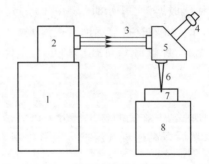

图 3-2-25　激光焊接示意图

1—电源;2—激光器;3—聚焦光束;4—观察台;5—聚焦系统;6—激光束;7—焊件;8—工作台。

的一种熔焊方法。

真空电子束焊接如图 3-2-26 所示,电子枪、焊件及夹具全部装在真空室内,阴极加热后发射大量电子,在阴极和阳极(焊件)间高压的作用下,经过聚焦形成的电子流束,以极大速度射向焊件,将动能转化为热能,使焊件迅速熔化,移动焊件即可形成所需的焊接接头。

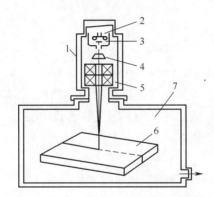

图 3-2-26　真空电子束焊接示意图

1—电子枪;2—灯丝;3—阴极;4—阳极;5—偏转线圈;6—工件;7—真空焊接室。

真空电子束焊接的特点是焊接速度快,能量利用率高,焊缝窄而深,焊件的变形小,焊接质量很高。真空电子束焊接能够焊接形状复杂以及化学活泼性高、纯度高和易氧化的金属,如铝、钛、锆等金属材料,也适合于焊接异种金属和非金属材料。

3.3　压　　焊

3.3.1　电阻焊

电阻焊是利用电流通过焊件接触面处产生的电阻热,将焊件局部加热到塑性或熔化状态,然后在压力下形成焊接接头的方法。其主要特点是焊接电压低(1~12V)、焊接电流大(几千至几万安培),完成一个接头的焊接时间极短(0.01s 至几秒),焊接时不需填充金属,生产效率高,在工业中广泛应用。

电阻焊可以分为对焊、点焊和缝焊 3 种,如图 3-3-1 所示。

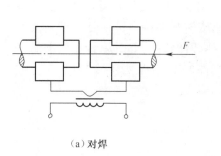
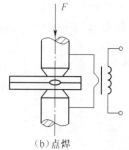
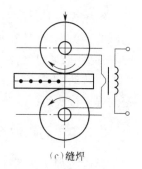

（a）对焊 （b）点焊 （c）缝焊

图 3-3-1　电阻焊示意图

1. 对焊

对焊有闪光对焊和电阻对焊。电阻对焊是将焊接件装在对焊机上,使两焊件端面紧密接触,利用电阻热加热两端面到塑性状态,两端面在压力作用下焊接在一起,电阻对焊主要用于截面简单、直径小于 20mm 且强度要求不高的焊件。闪光对焊时焊接过程是先通电,再使两焊件轻微接触,由于焊件表面不平,使接触点通过的电流密度很大,金属迅速熔化、汽化、爆破,飞溅出火花,造成闪光现象。继续移动焊件,产生新的接触点,闪光现象不断发生,待两焊件端面全部熔化时,迅速加压,随即断电并继续加压,使焊件焊合。

闪光对焊的接头质量好,对接头表面的焊前清理要求不高,常用于焊接受力较大的重要工件。闪光对焊不仅能焊接同种金属,也能焊接铝钢、铝铜等异种金属,可以焊接极细的金属丝,也可以焊接大直径的管子及截面较大的板材。

2. 点焊

将焊件压紧在两个柱状电极之间,通电加热,使焊件在接触处熔化形成熔核,然后断电,并在压力下凝固结晶,形成组织致密的焊点。点焊适用于焊接 4mm 以下的薄板(搭接)和钢筋,广泛用于汽车、飞机、电子、仪表和日常生活用品的生产。

3. 缝焊

缝焊与点焊相似,所不同的是用旋转的盘状电极代替柱状电极。叠合的工件在圆盘间受压通电,并随圆盘的转动而送进,形成连续焊缝。缝焊适宜于焊接厚度在 3mm 以下的薄板搭接,主要应用于生产密封性容器和管道等。

3.3.2　摩擦焊

摩擦焊是利用焊件表面相互摩擦而产生的热,使端面达到塑性状态,然后加压形成焊接接头的焊接方法,如图 3-3-2 所示。

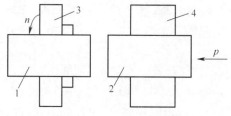

图 3-3-2　摩擦焊示意图

1,2—焊件;3—旋转夹头;4—加压夹头。

摩擦焊接时,焊件一段夹持在可旋转的夹头上,另一段的焊件夹持在可往复移动并能加压的夹头上,夹持在可旋转的夹头上的工件通过高速旋转与夹持在可往复移动夹头上的焊件接触,通过摩擦产生热能使接头温度升高,达到热塑性状态,此时旋转夹头上的工件停止转动,夹持在可往复移动并能加压的夹头上的焊件加压,在压力下冷却后,获得致密的焊接接头组织。摩擦焊的生产率高,尺寸精确,易于机械化生产。

3.3.3 超声波焊接

超声波焊接如图 3-3-3 所示。

超声波焊接是指利用超声波的高频振荡能对焊接接头进行局部加热和表面处理,然后施加压力使焊缝区产生很薄的塑性变形层实现焊接的一种压焊方法。超声波焊接由于无焊接电流火焰和电弧的影响,焊件表面无变形和热影响区,表面不需严格清理,焊接质量高,适用于焊接厚度小于 0.5mm 的工件,特别适合于焊接异种材料。

3.3.4 扩散焊接

扩散焊接是将工件在高温下加压,保持一段时间,使接触面间的原子相互扩散完成焊接。扩散焊接不影响工件材料原有的组织和性能,接头经过扩散以后,其组织和性能与母材基本一致。所以,扩散焊接头的力学性能很好,扩散焊可以焊接异种材料,可以焊接陶瓷和金属,对于结构复杂的工件可同时完成成形连接。图 3-3-4 所示为扩散焊接。

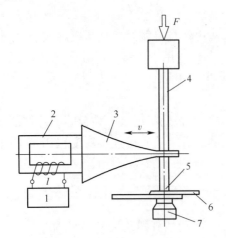

图 3-3-3 超声波焊接示意图

1—发生器;2—换能器;3—聚能器;4—加压夹头;
5—上声级;6—焊件;7—下声级。

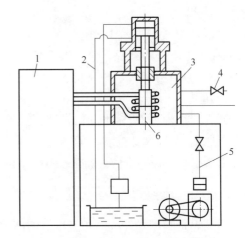

图 3-3-4 扩散焊接示意图

1—加热系统;2—液压系统;3—真空室;
4—水冷系统;5—真空系统;6—焊件。

3.4 钎 焊

钎焊是用比母材熔点低的金属材料作钎料,将焊件和钎料加热到高于钎料的熔点,低于母材熔点的温度,适用液态钎料润湿母材,充填到焊接接头的间隙,使钎料与母材相互扩散形成焊接接头的方法。

钎焊与其他焊接方法的根本区别如图 3-4-1 所示,焊接过程中工件不熔化,而依靠钎料熔化、借毛细管作用填满接头间隙来完成焊接。钎焊使用的主要焊接材料有钎料和钎剂。钎剂能除去氧化膜和油污等杂质,保护母材接触面和钎料不受氧化,并增加钎料湿润性和流动性。

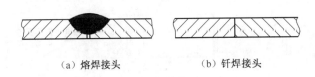

（a）熔焊接头　　　　　（b）钎焊接头

图 3-4-1　钎焊与熔焊区别示意图

钎焊按钎料熔点可分为软钎焊、硬钎焊。钎料熔点在 450℃ 以下的钎焊称为软钎焊,常用锡铅钎料,松香、氯化锌溶液作钎剂。其接头强度低,工作温度低,具有较好的焊接工艺性,用于电子线路的焊接。钎料熔点在 450℃ 以上的钎焊,称为硬钎焊,常用铜基和银基钎料,由硼砂、硼酸、氯化物、氟化物组成钎剂。接头强度较高,工作温度也高,用于机械零部件的焊接。

钎焊的特点是采用低熔点的钎料作为填充金属,钎料熔化,母材不熔化;工件加热温度较低,接头组织、性能变化小,焊件变形小,接头光滑平整,焊件尺寸精确,可焊接异种金属,焊件厚度不受限制,生产率高,可整体加热,一次焊成整个结构的全部焊缝,易于实现机械化自动化。钎焊设备简单,生产投资费用少。钎焊主要用于焊接精密、微型、复杂、多焊缝、异种材料的焊件。

根据加热方式的不同,钎焊又可分为下述几种。

（1）烙铁钎焊。用电烙铁或火焰烙铁加热的软钎焊。

（2）火焰钎焊。用喷灯或气焊炬使可燃气体与氧气（或压缩空气）混合燃烧的火焰加热的钎焊。

（3）炉中钎焊。将装配好钎料的焊件放在箱式电炉或带有保护气体（如氩气等）的电炉或真空炉中进行钎焊。

（4）感应钎焊。利用高频、中频或工频交流电感应加热进行钎焊。

（5）盐浴钎焊。将装配好钎料的焊件浸沉在高温熔融的盐浴槽中加热的钎焊。

（6）金属浴钎焊。将焊件浸沉在覆盖钎剂的钎料浴槽中加热的钎焊。

（7）电弧钎焊。采用电弧（如钨级氩弧）加热的钎焊,近来也有以低熔点焊丝（如铜丝）的气体保护电弧焊来进行的钎焊。

（8）电阻钎焊。利用电流通过钎焊零件的电阻热进行钎焊。

（9）真空钎焊。将装配好钎料的焊件置于真空环境中加热的钎焊。

（10）超声波钎焊。利用超声波的振动使液体钎料产生空蚀过程,破坏焊件表面的氧化膜,从而改善钎料对母材的润湿作用的钎焊。

钎焊的接头形式多采用搭接,而不用对接。常用的接头形式见图 3-4-2。

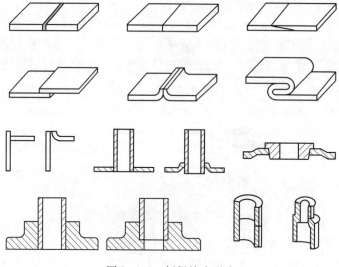

图 3-4-2　钎焊接头形式

3.5　焊　接　检　验

一个合格的焊接头应当满足以下要求。

（1）焊缝有足够的熔深,合适的熔宽与堆高,焊缝与母材的表面过渡平滑,弧坑饱满。

（2）无缺陷。

（3）力学性能及其他性能（如高温性能、低温性能、耐腐蚀性能等）合格。

因此,对焊接接头进行必要的检验是保证焊接质量的重要措施。工件焊完后,应根据产品技术要求进行相应的检验。

3.5.1　焊接工艺设计

焊接工艺设计是指焊接接头设计和焊缝的布置。工艺性良好的结构,不仅给焊接带来方便,容易保证焊接质量,而且使成本大大降低。焊接的工艺性主要从以下几方面考虑。

1. 焊接结构材料的选择

为了避免焊接时出现裂纹等缺陷并保证结构使用的可靠、安全,应在满足使用要求的前提下尽量选用焊接性好的材料,如低碳钢或低合金钢等。对于碳的质量分数大于0.4%的钢材,其焊接性较差,应慎重选用,并应在设计和生产工艺中采取必要的措施。

焊接结构应尽量采用钢管和型钢,对于形状复杂的部件,还可采用冲压件、铸钢件或锻件等,这样不仅便于保证焊件质量,还可减少焊缝数量,简化焊接工艺。

2. 焊缝的布置

焊接工艺设计的关键之一就是合理地布置焊缝位置,它对焊接结构质量和效率都有很大影响。焊缝的布置应便于操作,焊接位置必须具有足够的操作空间,以满足焊接时运条的需要;焊缝应尽量处于平焊位置,尽量减少焊缝数量及长度,缩小不必要的焊缝截面尺寸;焊缝布置应尽量分散,避免密集或交叉;焊缝布置应尽量对称;焊缝布置要考试机械加工的因素。

　　焊接热影响区是结构中的敏感区域。焊缝布置要有利于减少焊接应力与变形,应尽量避开最大应力位置或应力集中位置,焊缝布置应避开机械加工表面,如图3-5-1所示。

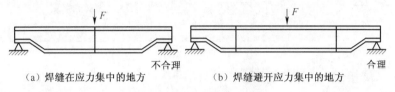

（a）焊缝在应力集中的地方　　　　　　（b）焊缝避开应力集中的地方

图 3-5-1　焊缝的布置

3. 常用焊缝的标注方法

常用焊缝的标注方法如表3-5-1所列。

表 3-5-1　常用焊缝标注方法

焊缝形式	标注方法	注
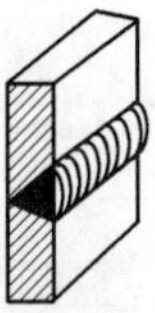	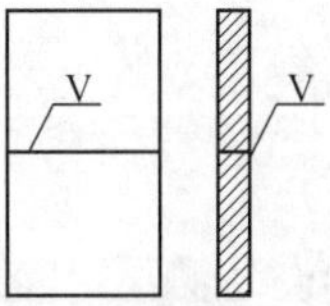	正面焊缝,基本符号在引出线上面
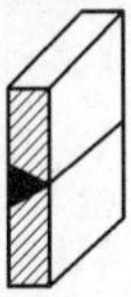	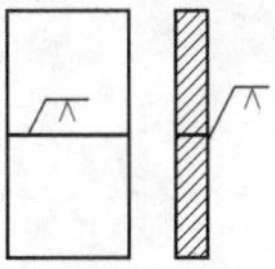	背面焊缝,基本符号在引出线下面
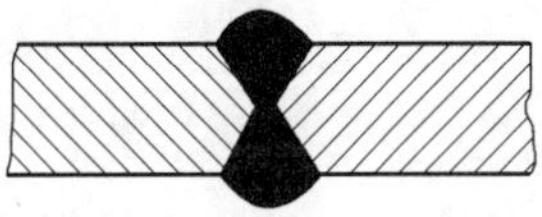	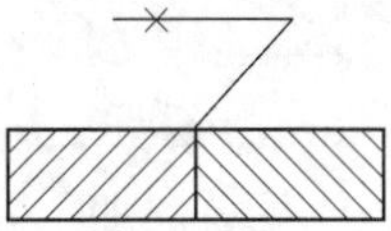	双面焊缝,在引出线上下都标注基本符号
	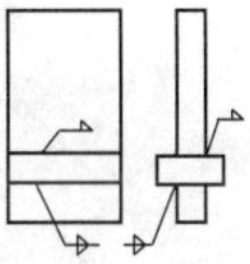	两个以上零件焊后形成的焊缝,不能按照双面焊缝来标注,必须分别标注各焊缝
	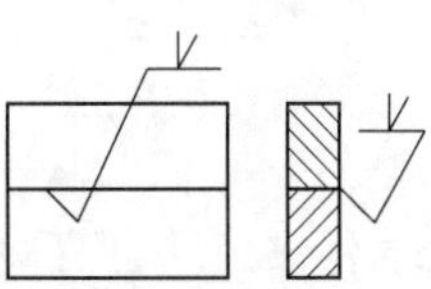	单面单边坡口的焊缝,引出线的箭头必须指向带有坡口的焊件上
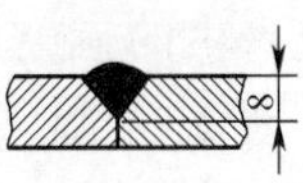	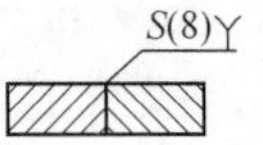 S(8)	在对接时,只要求焊透一定深度,必须在基本符号的左侧注明熔透深度座号S及具体熔深数字,否则即为全熔透焊缝

（续）

焊缝形式	标注方法	注
	$P \times R$ 　δ	要求标注焊缝具体尺寸时,在焊缝尺寸符号的相应位置标注具体数字

3.5.2 焊接缺陷与焊接变形

1. 焊接缺陷

金属作为最常用的工程结构材料,往往要求具有高温强度、低温韧性、耐腐蚀性以及其他一些基本性能,并且要求在焊接之后仍然能够保持这些基本性能。而焊接过程的特点主要是温度高、温差大,偏析现象很突出,金相组织差别比较大,因此,在焊接过程中往往会产生各种不同类形的焊接缺陷留在焊缝中,如裂纹、未焊透、未熔合、气孔、夹渣等,从而降低了焊缝的性能。

焊接接头的外部缺陷一般用肉眼就能观察到,主要有焊瘤、满溢、咬边、凹坑、裂纹（裂缝）、烧化、错边等。

焊接接头的内部缺陷是指必须借助仪器设备测试才能判断出的缺陷,主要有未熔合、未焊透、气孔、夹渣及白点等,如图 3-5-2 所示。

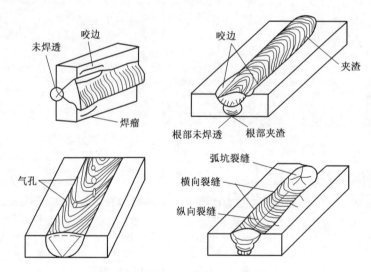

图 3-5-2　常见的焊接缺陷

（1）裂纹。钢材焊接中常出现的裂纹既有热裂纹也有冷裂纹。产生裂纹的因素多种多样,但主要因素是焊接工艺不合理、选用材料不当、焊接应力过大以及焊接环境条件差造成焊后冷却太快等,对于每种具体焊接结构,应综合分析,防止裂纹产生的措施是针对构件焊接情况选取合理的焊接工艺,如焊接方法、线能量、焊接速度、焊前预热、焊接顺序等。

（2）焊瘤。其主要是由于焊接电流过大或焊接速度过慢引起的。它的危害是焊瘤处易产生应力集中，影响整个焊缝的外观质量和焊接质量。预防措施是适当调小焊接电流。

（3）弧坑。其主要是由于断弧或熄弧引起的。弧坑的存在减小了焊缝截面，降低了接头的有效强度，并且弧坑处常伴有弧坑裂纹，危害较大。预防措施是尽量减小断弧次数，每次熄弧前应稍微停留或做几次摆动运条，使较多的焊条熔化填满弧坑处。

（4）气孔。产生气孔的因素较多，如焊条未按规定烘干、母材除锈及消除焊件表面上的脏物不彻底、焊接电压不稳等。气孔的存在使焊缝截面减小，金属内部组织疏松，应力集中，也易诱发裂纹等严重的缺陷。预防措施是在焊接前按要求烘干焊条，清理坡口及母料表面的油污、锈迹，注意大气的变化，刮风、下雨要有遮挡措施，焊接时选择适当的电流及焊接速度。

（5）夹渣。夹渣一般是由于熔池冷却过程中非金属物质（如焊条药皮）中某些高熔点组分、金属氧化物等来不及浮出熔池表面而残留在焊缝金属中引起的。其危害是影响了焊缝金属的致密性及连贯性，易引起应力集中。预防措施是焊接前应严格清理母材坡口及附近的油污、氧化皮等，多层焊接时彻底清理前一道焊缝流下的熔滴。焊接时选择适当的焊接参数，运条稳定，注意观察熔池，防止焊缝金属冷却过快。

（6）咬边。其主要是由于焊接电流过大、电弧拉长或运条不稳引起的。咬边最大的危害是损伤母材，使母材有效截面减小，也会引起应力集中。预防措施是焊接时调整好电流，电流不宜过大，且控制弧长，尽量用短弧焊接，运条时手要稳，焊接速度不宜太快，应使熔化的焊缝金属填满焊接坡口边缘。

（7）未焊透。产生未焊透缺陷的主要因素有：①焊接规范选择不当，如电流太小、电弧过短或过长、焊接速度过快、金属未完全熔化；②坡口角度小、钝边过厚、对口时间隙太小导致熔深减小；③焊接过程中，焊条和焊枪的角度不当导致电弧偏析或清根不彻底等。未焊透实际上就是焊接接头的根部未完全熔透的现象。未焊透的存在会导致焊缝的有效截面减少，从而降低焊缝的强度。在应力主作用下很容易扩展形成裂纹导致构件破坏。若是连续性未焊透，更是一种极其危险的缺陷。所以焊缝中的未焊透是一种不允许存在的缺陷。

防止出现未焊透缺陷的方法是正确确定坡口形式和装配间隙，认真清除坡口两侧的油污杂质，合理选择焊接电流，焊接角度要正确，运条速度要根据焊接电流的大小、焊体的厚度以及焊接位置进行选择，不应移动过快，随时注意不断地调整焊接角度。对于导热不良、散热较快的焊件，可进行焊前预热或在焊接过程中同时用火焰进行加热。对于要求全焊透的焊缝，如果有未焊透时，在条件允许的情况下可以将反面熔渣和焊瘤清理后进行加焊处理；对于非要求全焊透的焊缝，其焊透深度大于板厚的 0.7 倍即可。应尽量采用单面焊双面成形的工艺。

2. 焊接变形

焊接时，焊件局部受热，温度分布极不均匀，焊缝及其附近的金属被加热到高温时，受周围温度较低的金属所限制，不能自由膨胀，冷却以后又要发生收缩，产生纵向及横向收缩，从而引起整个工件的变形，同时在工件内部产生焊接残余应力，金属构件在焊接以后，总要发生变形和产生焊接应力，且二者是彼此伴生的。

焊接应力的存在,对构件质量、使用性能和焊后机械加工精度都有很大影响,甚至导致整个构件断裂,焊接变形不仅给装配工作带来很大困难,还会影响构件的工作性能。变形量超过允许数值时必须进行矫正,矫正无效时只能报废。因此,在设计和制造焊接结构时,应尽量减小焊接应力和变形。

1)常见的焊接变形

常见的焊接变形有收缩变形、角变形、弯曲变形、扭曲变形和翘曲变形等几种形式,如图3-5-3所示。

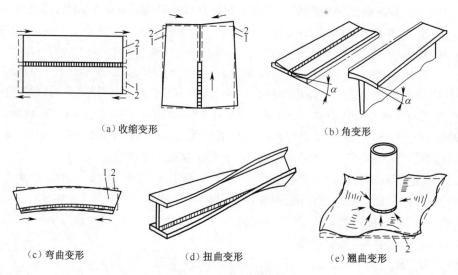

（a）收缩变形　　　　　　　　　　　　　　（b）角变形

（c）弯曲变形　　　　　　（d）扭曲变形　　　　　　（e）翘曲变形

图3-5-3　常见的焊接变形

收缩变形是由于焊缝金属沿纵向和横向的焊后收缩而引起的;角变形是由于焊缝截面上下不对称,焊后沿横向上下收缩不均匀而引起的;弯曲变形是由于焊缝布置不对称,焊缝较集中的一侧纵向收缩较大而引起的;扭曲变形常常是由于焊接顺序不合理而引起的;翘曲变形则是由于薄板焊接后焊缝收缩时产生较大的收缩应力,使焊件丧失稳定性而引起的。

2)减少焊接应力与变形的方法

（1）反变形法。生产中常用的方法之一,即焊前先估计结构变形的大小和方向,在装配时预先使焊件做出相反方向的变形,以抵消焊后发生的变形,其最简单的情况如图3-5-4所示。

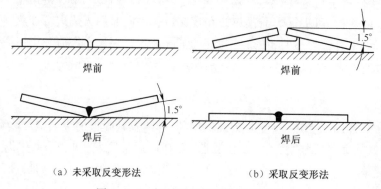

（a）未采取反变形法　　　　　　　　（b）采取反变形法

图3-5-4　钢材对接焊时的反变形法

（2）刚性固定法。刚度大的结构焊后变形一般都较小，如在焊前采用一定方法加强焊件刚性，焊后的变形就可减小。这种方法对防止角变形和翘曲变形是比较有利的。固定的方法可以直接点固，或压紧在刚性平台上，或采用台夹具夹紧等。

（3）选择合理的装配和焊接顺序。装配和焊接顺序对焊接结构的应力和变形有很大的影响，选择合理的装配和焊接顺序，尽量使焊缝自由收缩，达到控制变形的目的。以工字梁为例，如采用图 3-5-5（a）所示的装配焊接顺序，就会产生较大的弯曲变形，如采用图 3-5-5（b）所示的装配焊接顺序，就可大大减少焊接变形。

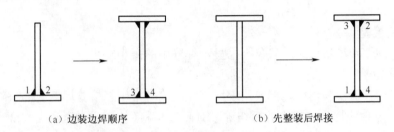

（a）边装边焊顺序　　　　　　　　　　　（b）先整装后焊接

图 3-5-5　工字梁两种装配焊接顺序

此外，合理选择焊接方法和规范，如采用 CO_2 焊代替手工电弧可减少薄板结构的变形。焊前预热和焊后缓冷也可有效降低变形。

3）焊接结构变形的矫正

在生产实际中，虽然可以在焊前采用一定的措施防止或减少变形，但是也往往会出现焊后结构超出了产品技术要求所允许的变形，这就需要进行矫正。主要应用的方法有机械矫正和火焰矫正两种，其原理都是设法使焊件产生新的变形去抵消已发生的变形。

（1）机械矫正法。机械矫正就是利用机械力的作用去矫正焊接变形。图 3-5-6 所示是工字梁弯曲后在压力机上的矫正。又如薄板翘曲变形，可采用锤击焊缝的方法使焊缝获得延伸，补偿因焊接引起的收缩，从而达到消除翘曲变形的目的。

（2）火焰矫正法。火焰矫正是利用气体火焰对焊接结构进行局部加热的一种矫正变形的方法，其原理是利用金属局部加热和冷却后的收缩，引起新的变形去矫正已发生的变形。正确选择加热部位是火焰矫正的关键。图 3-5-7 所示为矫正丁字梁弯曲的示意图。

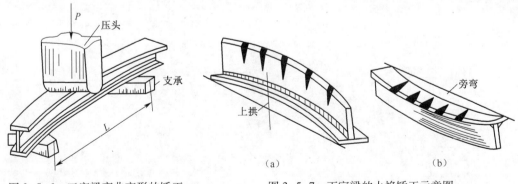

图 3-5-6　工字梁弯曲变形的矫正　　　　　图 3-5-7　丁字梁的火焰矫正示意图

3.5.3　焊接质量检验

对焊接接头进行必要的检验是保证焊接质量的重要措施。工件焊完后,应根据产品技术要求进行相应的检验。生产中常用的检验方法有外观检验、着色检验、无损检验、致密性检验、力学性能和其他性能试验等。

1. 外观检验

用肉眼或低倍放大镜观察焊缝表面有无缺陷。对焊缝的外形尺寸还可采用样板测量。

2. 着色检验

利用流动性和渗透性好的着色剂来显示焊缝中的微小缺陷。

3. 无损检验

用专门的仪器检验焊缝内部或浅表层有无缺陷。常用来检验焊缝内部缺陷的方法有 X 射线探伤、γ 射线探伤和超声波探伤等。对磁性材料(如碳钢及某些合金钢等)的浅表层的缺陷,可采用磁力探伤的方法。

4. 致密性检验

对于要求密封和承受压力的容器或管道,应进行焊缝的致密性检验。根据焊接结构负荷的特点和结构强度的不同要求,致密性检验可分为煤油试验、气压试验和水压试验 3 种。水压试验时,检验压力是工作压力的 1.2~1.5 倍。

此外,还可以根据设计要求将焊接接头制成试件,进行拉伸、弯曲冲击等力学性能试验和其他性能试验。

第4章
钳　工

4.1　概　述

钳工是使用各种手动工具,按技术要求对工件进行以手工操作为主的加工、修整、装配的工作。因切削、装配和修理中的手工作业,常在钳工台上用虎钳夹持工件操作而得名。钳工是机械制造中最古老的金属加工技术和最重要的工种之一,其基本操作有划线、錾削、锉削、锯削、钻削、铰削、攻螺纹和套螺纹、刮削、研磨、矫正、弯曲、铆接及装配、维修等。

虽然随着各种机床的发展和普及,使大部分钳工作业实现了机械化和自动化;但是至今尚无适当的机械化设备可以全部代替划线、刮削、研磨和机械装配等作业,另外某些最精密的样板、模具、量具、配合表面等,仍然需要靠工人的手艺作精密加工,还有对于单件小批生产、修配工作或缺乏设备条件的情况下,采用钳工制造某些零件仍然是一种经济实用的方法,因此在机械制造过程中钳工仍然是一种广泛应用的基本技术。

钳工的主要任务如下。

(1) 加工零件。一些不适宜采用机械方法或采用机械方法不能解决的加工,均可由钳工来完成,如零件加工过程中的划线、精密加工及检验和修配等。

(2) 装配。把零件按机械设备的装配技术要求进行组装,并经过调整、检验和试车等工序,使之成为合格的机械设备。

(3) 设备维修。当机械设备在使用中产生故障、出现损坏或经过长期使用后因精度降低而影响使用时,需要通过钳工进行维护和修理。

(4) 工具的制造和修理。制造或修理各种工具、卡具、量具、模具及设备。

(5) 技术创新。为提高劳动生产率和产品质量,需要不断进行技术创新、改进工具和工艺,此项工作也是钳工的重要任务之一。

钳工是一种比较复杂、细微、工艺要求较高的工种,分为模具钳工(工具制造钳工)、修理钳工、普通钳工(装配钳工)。钳工加工所用工具和设备投资小,价格低廉,携带方便,对不适于机械加工的场合,特别是在机械设备维修工作中,能获得满意的效果;钳工可以加工形状复杂、精度高的零件,还可以加工出比现代化机床加工还要精密、光洁和形状复杂的机械零件,如高精度量具、样板等。但是钳工加工生产效率低,劳动强度大,受工人技术熟练程度的影响大,加工出的产品质量不稳定。

4.2 划 线

划线是根据零件图要求,利用划线工具在毛坯或半成品表面划出待加工部位的轮廓线或作为基点的点、线的一种操作方法。划线的作用是:①确定加工面的位置,合理分配加工余量,为下一道工序划定加工的尺寸界线;②检查毛坯或半成品的形状和尺寸是否合格,处理或补救不合格毛坯,及时发现不合格工件,避免造成后续加工的浪费。

划线分为平面划线和立体划线,平面划线只需要在工件的一个平面上划线,能明确表示出工件的加工界线,它与平面作图法类似。立体划线是平面划线的复合,即在工件的长、宽、高3个方向,相互成不同角度的多个表面上划线的方法。

划线是加工的依据,要求尺寸准确、线条清晰、保证精度。在立体划线中还应注意使长、宽、高3个方向的线条互相垂直。由于划出的线条总有一定的宽度,以及在使用划线工具和测量时难免产生误差,所以不可能绝对准确。为避免划线发生错误或准确度太低时造成工件报废,划线的精确度要求一般为 0.25~0.5mm。通常不能依靠划线直接确定加工时的最后尺寸,而在加工过程中必须通过测量来保证尺寸的准确度。

4.2.1 划线工具

1. 划线平板

如图 4-2-1 所示,划线平板是划线的基准工具,一般由铸铁制成,也有用大理石制作的,其上平面是划线的基准平面。划线平板的上表面要求平直且光洁,并且这个面的平面度要高于待加工零件的平面度。平板要安放牢固,基准平面要保持水平。使用时严禁撞击及敲打。用后应擦拭干净,并涂油防锈。

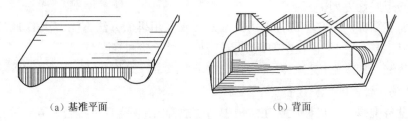

(a) 基准平面　　　　　　　　　　　(b) 背面

图 4-2-1　划线平板

2. 方箱和 V 形铁

方箱是用铸铁制成的空心立方体,各相邻的两个面均互相垂直。方箱用于夹持、支承尺寸较小而多个面需要划线的工件。通过在划线平板上翻转方箱,便可在工件的表面上划出相互垂直的线条。在方箱的一个面上有 V 形槽,其作用与 V 形铁相同。

V 形铁通常两个为一组,其形状、大小相同,V 形槽角度为 90° 或 120°。它主要用于支承圆柱形工件或轴类零件,使工件轴线与平板平面平行,也可使用 V 形铁划出圆柱形

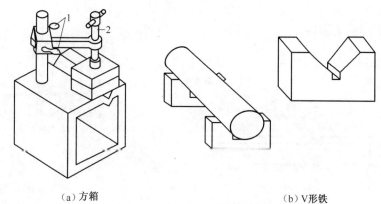

（a）方箱 （b）V形铁

图 4-2-2 方箱和 V 形铁示意图

1—紧固螺钉；2—压紧螺栓。

工件上的相互垂直的直线。较长的工件可放在相同的两个 V 形铁上。

3. 千斤顶

在划线工作中，千斤顶是用来在平板上支承工件的工具。通常 3 个为一组，可以通过螺母调整高度。在为不适合用方箱或 V 形铁的工件，如较大或不规则工件划线时，常用 3 个千斤顶来支承，通过调整各自的高度找正工件。

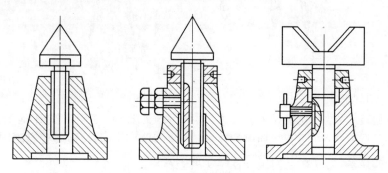

图 4-2-3 千斤顶使用示意图

4. 划针和划针盘

划针是用来在工件表面上划直线的工具，通常由高速钢或钢丝制成。用划针划线时要一次划出，并使线条清晰准确。划线时划针应在工件表面贴着钢板尺、角尺、样板尺等导向工具移动，同时向外倾斜 15°~20°，向移动方向倾斜 75°左右，如图 4-2-4 所示。

划针盘是立体划线和校正工件位置的常用工具，使用时将划针调整到一定高度，在平板上移动划针盘，即可在工件上划出与平板平行的水平面，有时也用划针盘对工件找平，如图 4-2-5 所示。暂不用时，针尖应朝向划线平板，以防伤人。

5. 划规及划卡

划规是用于划圆或圆弧、等分角度、等分线段及量取尺寸的工具。划规使用碳素工具钢制作，尖部焊有高速钢及硬质合金，两尖合拢的锥角为 50°~60°。钳工用的划规有普通划规、弹簧划规和大尺寸划规等，如图 4-2-6 所示。普通划规因其结构简单，制造方便，所以最常用，适用范围最广泛。

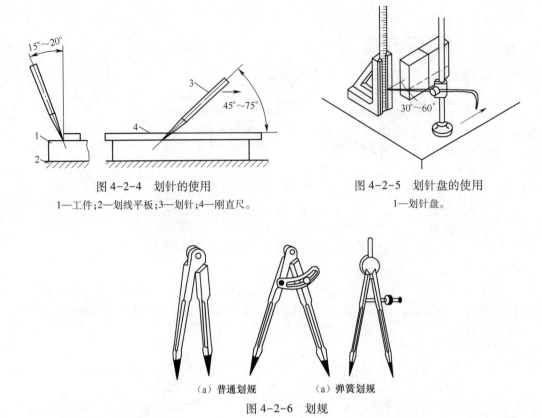

图 4-2-4 划针的使用

1—工件;2—划线平板;3—划针;4—刚直尺。

图 4-2-5 划针盘的使用

1—划针盘。

（a）普通划规　　（a）弹簧划规

图 4-2-6 划规

使用时,划规的顶端在手心上,手的压力作用在圆心的划规腿上,用拇指和食指夹住划线的划规腿转动划规,旋转脚施力要大,划线脚施力要轻,这样可使中心不致滑动。划规的脚尖要保持尖锐,以保证能划出的线条清晰。划规两脚的长短要稍有不同,且合拢时两脚的脚尖能靠紧,这样才可划出尺寸较小的圆弧。

划卡是用来确定轴、孔的中心位置,划平行线、直线、同心圆弧的工具。使用时应保持开合的松紧适当、卡尖尖锐。使用方法如图 4-2-7 所示。

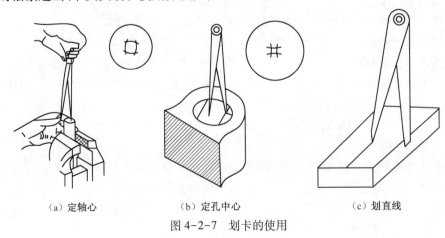

（a）定轴心　　　　（b）定孔中心　　　　（c）划直线

图 4-2-7 划卡的使用

6. 样冲

样冲是在划好的线上打出样冲眼的工具。使用时拇指握住样冲前面,其余四指在样冲后面,使样冲和冲眼线的垂线成30°角,对准冲眼线后摆正样冲,用手锤打击样冲顶部,打击一次使样冲转动一个角度,一般转动2~3次即可,如图4-2-8所示。划圆或钻孔前应在中心部位打中心样冲眼。

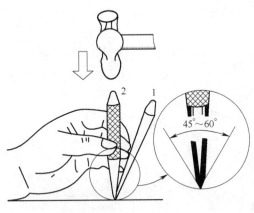

图4-2-8 样冲的使用
1—对准位置;2—冲眼。

4.2.2 钳工划线方法

1. 划线基准的选择

每个工件要划很多条线,究竟从哪一条开始呢? 通常遵循的原则是从基准线开始。基准线是零件上用于确定零件各部分尺寸、几何形状和相对位置的依据。正确选择划线基准是准确、方便、高效地划好线的关键。一般情况下,划线基准与设计基准一致,选择划线基准时,需要将工件设计要求、加工工艺及划线工具等因素综合分析,找出尺寸基准和放置基准,便于后序加工。

由于划线时零件每个方向尺寸中都要选择一个基准,故平面划线要选两个划线基准,立体划线要选3个划线基准。

选择划线基准应掌握的几个原则如下。

(1) 以零件图上标注尺寸的基准(设计基准)作为划线基准。

(2) 若毛坯上有孔或凸起部分,应以孔或凸起部分中心为划线基准。

(3) 若工件上有一个已加工表面,则应以此面为划线基准;若无已加工表面,则应以较平整的大平面为划线基准。

常用划线基准选择方法如下。

(1) 以两个互相垂直的线(或面)为基准。

(2) 以两条互相垂直的中心平面(线)为基准。

(3) 以一个平面与一条中心线为基准。

(4) 以重要孔的中心线为基准。

2. 划线方法

平面划线与机械投影图相似,只不过它是用划针、划规等划线工具在金属材料的平面上作图。在批量生产中,为提高效率,常用划线样板划线。划线方法如图4-2-9所示。

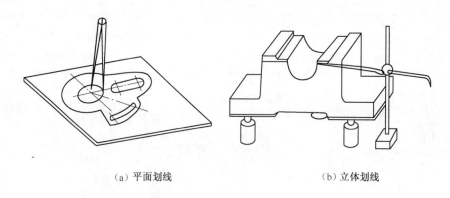

(a) 平面划线　　　　　　　　　　　　　　(b) 立体划线

图 4-2-9　两种划线方法

1) 准备工作

(1) 熟悉图纸技术要求,检查毛坯是否合格,确定划线基准。

(2) 选择所需工具,并检查和校验工具。

(3) 在工件的划线表面涂涂料。

(4) 为工件空心孔加装中心塞块,以备划孔的中心线。

2) 划线操作步骤

(1) 划出基准线。

(2) 划出水平线、垂直线、斜线、圆弧线、圆等和它们的检查线。

(3) 检查基准选择合理性、各部位尺寸正确性,查找并修改划错的线。

(4) 打出样冲眼。

3. 划线实例

下面以轴承座划线为例介绍立体划线步骤,它属于毛坯划线。

(1) 分析零件图,如图4-2-10(a)所示。

(2) 根据孔中心、上平面调节千斤顶,使工件保持水平,如图4-2-10(b)所示。

(3) 划出底面加工线、大孔的水平中心线,如图4-2-10(c)所示。

(4) 旋转90°,用角尺找正,划出大孔的垂直中心线和螺钉孔中心线,如图4-2-10(d)所示。

(5) 再翻转90°,用直尺两个方向找正,划出螺钉孔及端面加工线,如图4-2-10(e)所示。

(6) 在划好的底座圆心打样冲眼。

此外,还有直接对照实物面进行模仿划线和在装配工作中采用的配合划线(有的用工件直接配合后划线,也有的用硬纸板托印及其他印迹配合划线)等方法。

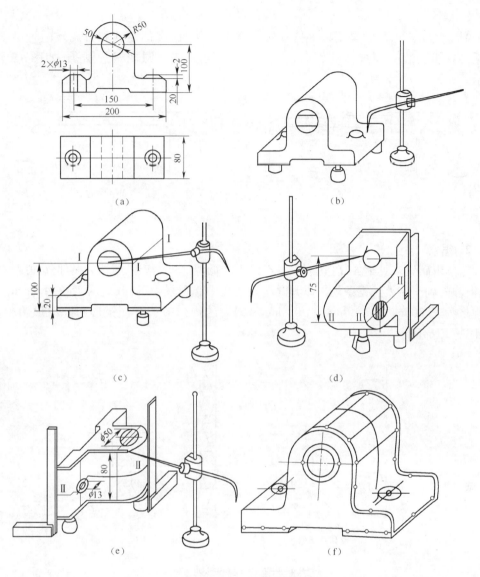

图 4-2-10　划线实例

4.3　锯　　削

　　锯削是用手锯把材料或工件锯断或切槽的加工方法,适用于分割各种材料及半成品、锯掉工件上多余部分、在工件上开槽等。锯削分为机械锯削和钳工锯削。机械锯削指用锯床或砂轮片锯削,适用于大批量生产;手工锯削是用手锯锯削。

4.3.1　锯削工具及其选用

　　锯削使用的工具是手锯,它由锯弓和锯条两部分组成。

1. 锯弓

锯弓是钳工锯削时是用来夹持和拉紧锯条的工具,有固定式和可调式两种。固定式锯弓只能安装一种规格的锯条,可调式锯弓可安装不同规格的锯条,如图 4-3-1 所示。

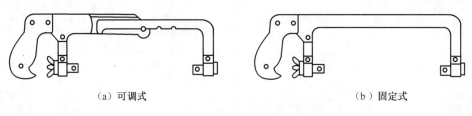

（a）可调式　　　　　　　　　　　　　　　　（b）固定式

图 4-3-1　手锯

2. 锯条

锯条由碳素工具钢或高速钢制成,经淬火和低温退火处理。两端装夹部分硬度较低、韧性较好,利于装夹。锯条规格以其两端安装孔中心距来表示(长度为 150~400mm),常用规格为长 300mm、宽 12mm、高 0.8mm。锯齿的排列形状有交错形和波浪形两种,如图 4-3-2 所示。

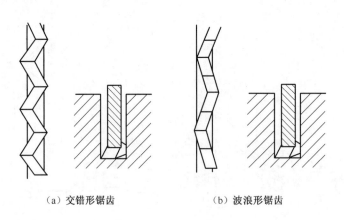

（a）交错形锯齿　　　　　　　　（b）波浪形锯齿

图 4-3-2　锯齿的排列方式

1—紧固螺钉;2—压紧螺栓。

锯条按锯齿的齿距大小可分为粗齿($t=1.6$mm)、中齿($t=1.2$mm)和细齿($t=0.8$mm)3 种。锯削时,根据工件材料的硬度及薄厚选用不同锯条的锯齿。锯软钢、铝、紫铜、人造胶质材料等软材料时应选用粗齿锯条;锯中等硬度钢、硬性轻合金、黄铜、厚壁管子、中等厚度的普通钢材、铸铁等材料时应选用中齿锯条;锯硬钢等硬材料、薄形金属、薄壁管子、电缆等材料时应选用细齿锯条。

4.3.2　锯削的基本操作

1. 锯条的安装

根据工件的材料和厚度选择合适的锯条,安装锯条时应使锯齿尖端朝前,锯条在锯弓上松紧要适中;否则锯条容易折断。

2. 工件的安装

在台虎钳上夹紧工件。要夹持稳固,夹紧力要适度。在已加工面上需垫软金属垫,不可直接夹持在钳口上。工件应装夹在台虎钳左面,以方便操作。锯削线应与钳口侧面平行,锯缝离钳口侧面距离不应太远,约20mm。

3. 握锯的方法

右手满握锯柄,左手轻抚在锯弓前端。

4. 锯削站立姿势

操作者应站在台虎钳左侧,左脚前迈半步,与台虎钳中轴线成30°角,右脚在后,与台虎钳中轴线成75°角,两脚间距与肩同宽。身体与台虎钳中轴线成45°角。

5. 起锯

起锯方式有近起锯和远起锯两种,如图4-3-3所示,一般采用远起锯。如图4-3-4、图4-3-5所示,起锯时将锯条放在锯削线的前端,左手拇指指甲靠稳锯条定位,如图4-3-6(b)所示,右手稳推锯弓的手柄。锯条应与工件表面倾斜成10°~15°的起锯角,如图4-3-6(a)所示。若起锯角过大,容易崩碎锯齿;若起锯角太小,锯条容易滑脱,而破坏工件表面。锯条应与工件接触3~4个齿,推锯的行程要短,用力要轻,频率要快。当锯削深度达2~3mm时,左手可以离开锯条,进行正常锯削。

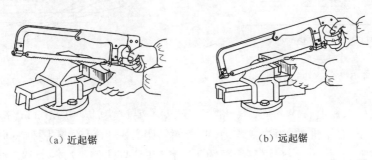

(a)近起锯　　　　　　　　　　　　　(b)远起锯

图4-3-3　起锯方向

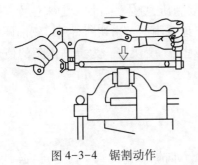

图4-3-4　锯割动作

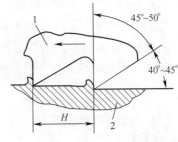

图4-3-5　锯齿刃口与推动方向

6. 锯削

锯削法有直线式锯削法和摆动式锯削法两种,如图4-3-7和图4-3-8所示。直线式锯削法是两手操作手锯做直线推进和回程动作,应用于锯缝底面要求平直的工件或薄壁工件的锯削。摆动式锯削法是两手操作手锯推进时身体略向前倾,右手下压左手上提,回

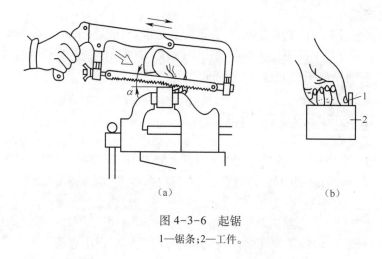

图 4-3-6　起锯

1—锯条;2—工件。

程时右手上提左手扶锯跟进,此方法可减少切削刃的接触长度。

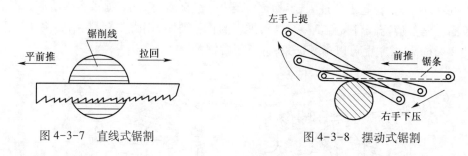

图 4-3-7　直线式锯割　　　　　　图 4-3-8　摆动式锯割

　　锯削时锯弓做往返直线运动,不可摆动,速度不要过快,以 40 次/min 左右为宜。前推时应左手施压,右手推进,用力要均匀,上身倾斜跟着一起运动,右腿伸直向前倾,操作者重心落在左腿,左膝盖弯曲,锯子行至约 3/4 长度时,身体停止运动,两臂继续将锯子送到头,尽可能用锯条的全长工作,以免中间部分损坏严重。返回时左手要把锯弓略微抬起,右手向后拉动锯子,让锯条轻轻滑过加工面,不要施压,身体逐渐回到原来位置。接近锯断时,用力要轻以免碰伤手臂和折断锯条,应缓慢地控制锯条来切断材料。锯削硬材料时,应压力大些,速度慢些。锯软材料时,应压力小些,速度快些。为提高锯条的使用寿命,锯削钢材时可加些乳化液、机油等切削液。

　　锯削结束后,应把锯条放松。

4.3.3　典型零件的锯削

　　锯削圆钢时,为得到整齐的锯缝,应始终向一个方向锯。锯削管子时,每当锯到管子内壁时,将管件沿切削方向转一个角度,一般要转动 8~10 次才将管子锯断,否则会因锯齿被管壁勾住,而折断锯条,如图 4-3-9 所示。锯削薄壁管时,还应将管子夹在木制 V 形槽垫之间,以免管子被夹扁。锯削深缝时,为避免工件碰撞锯弓,可将锯条旋转 90°安装后沿原有锯路锯削,如图 4-3-10 所示。锯削薄板时,尽可能从宽面锯,若要从窄面锯,应用两块木板将薄板夹在中间,增强薄板的刚性,防止锯齿被勾住,如图 4-3-11 所示。

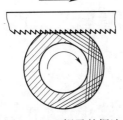

图4-3-9　锯弓的握法

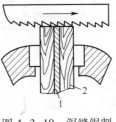

图4-3-10　深缝锯割

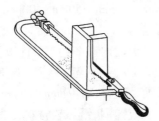

图4-3-11　薄板锯割

1—薄板;2—木板。

4.4　锉削与刮削

锉削是利用锉刀对工件表面进行切削加工,使工件达到所要求的形状、尺寸和表面粗糙度的操作方法,该方法多用于锯削或錾削之后的表面加工,加工精度可达 IT8~IT7,表面粗糙度 Ra 为 $0.8\mu m$。锉削的特点是加工简单、加工范围广、劳动强度大,可以加工平面、孔、曲面、内外圆弧面沟槽和复杂表面等。它主要在单件小批量生产时加工较高精度零件的形状、尺寸和表面粗糙度,常用于样板、模具的制造和机械设备的装配、调整、维修。

刮削是指用刮刀在工件已加工表面上刮去一层薄金属,以去除刀痕,修正表面细微不平和局部凹凸等缺陷的加工方法。刮削时,刮刀对工件既有切削作用又有压光作用,刮削后的工件表面具有良好的平面度,表面粗糙度 $Ra<1.6\mu m$。刮削是钳工中的一种精密加工方法,常用于零件相配合的滑动表面,如机床导轨、滑动轴承等。刮削的劳动强度大,生产率低,一般用于难以磨削加工的场合,加工余量不宜过大。

4.4.1　锉削工具

锉刀是锉削的工具,由碳素工具钢 T12 制成,并经过热处理淬硬到 62~67HRC,耐磨性好、硬度高、韧性差。锉刀由锉刀面、锉齿、锉刀边、锉刀柄等部分组成,其外形如图4-4-1 所示,其中锉刀一侧边有齿纹,而另一侧边无齿纹。当90°角相邻表面均需加工时,用挂锉刀面和有齿纹的锉刀边。

按用途,锉刀分为普通锉刀、整形锉刀和特种锉刀 3 种;按剖面形状,锉刀分为扁锉(平锉)、方锉、半圆锉、圆锉、三角锉、菱形锉和刀形锉等,平锉用来锉平面、外圆面和凸弧面,方锉用来锉方孔、长方孔和窄平面,半圆锉用来锉凹弧面和平面,圆锉用来锉圆孔、半

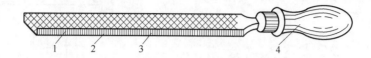

图 4-4-1　锉刀的外形
1—锉刀面;2—锉齿;3—锉刀边;4—锉刀柄。

径较小的凹弧面和椭圆面,三角锉用来锉内角、三角孔和平面;按其工作部分长度,锉刀分为 100mm、150mm、200mm、250mm、300mm、350mm、400mm 等 7 种;按锉齿的粗细(齿距大小),锉刀分为 1 号锉纹锉刀(粗齿锉刀,每 10mm 轴向长度内的锉纹条数为 5~8)、2 号锉纹锉刀(中粗锉刀,每 10mm 轴向长度内有 8~12 条锉纹)、3 号锉纹锉刀(细齿锉刀,每 10mm 轴向长度内有 13~20 条锉纹)、4 号锉纹锉刀(双细锉刀,每 10mm 轴向长度内有 21~30 条锉纹)、5 号锉纹锉刀(油光锉刀,每 10mm 轴向长度内有 31~56 条锉纹)等 5 个号,1 号、2 号锉纹锉刀适于粗加工或锉铜、铅等软材料,3 号、4 号锉纹锉刀适于粗锉后加工、锉光表面、锉硬金属(钢、铸铁等),5 号锉纹锉刀只用于修光表面。图 4-4-2 所示为锉刀的几种常见类型和加工表面的示意图。

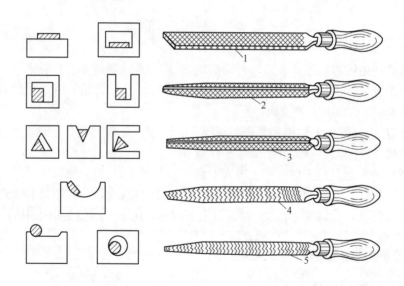

图 4-4-2　锉刀的几种常见类型和加工表面的示意图
1—平锉;2—方锉;3—三角锉;4—半圆锉;5—圆锉。

4.4.2　锉刀的握法

通常根据锉刀的大小及工件加工部位的不同采取相应的握法。一般右手大拇指放在锉刀柄上面,掌心顶住木柄尾端,其余手指由上而下自然弯曲握住锉刀柄。左手则根据锉刀大小和用力的轻重,采用多种握姿。使用大锉刀时,一般右手握锉柄,左手采用全扶法

（即掌部压在锉端上，用五指全握，掌心全按的方法），使锉刀保持水平。使用中锉刀时，右手握法与大锉刀握法相同，左手用大拇指和食指捏住锉刀前端，以引导锉刀水平平移。使用小锉刀时，右手食指伸直，大拇指放在锉刀木柄的上面，食指放在锉刀的刀边，左手几个手指压在锉刀中部。使用更小锉刀时，一般只用右手握住锉刀身，食指放在锉刀上面，大拇指放在锉刀左侧。

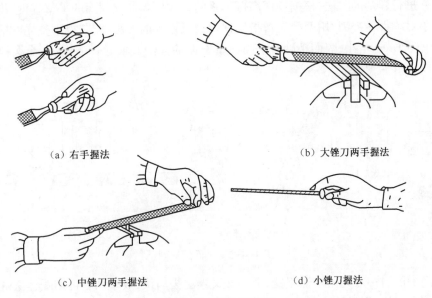

（a）右手握法

（b）大锉刀两手握法

（c）中锉刀两手握法

（d）小锉刀握法

图 4-4-3　锉刀的握法

4.4.3　锉削姿势与要领

正确的锉削姿势能减轻疲劳，提高锉削效率与产品质量。锉削时两脚站立位置与锯削基本相同，身体与台虎钳的距离以右手端平锉刀能搭放在工件上来确定。右手端平锉刀，使锉刀与右手的小臂约成直线，身体与台虎钳成45°角。开始锉削时，身体前倾10°左右，左肘弯曲，右肘稍向后；锉刀推进 1/3 时，身体前倾 15°左右，左腿再稍弯曲；锉刀推进 2/3 时，身体前倾 18°左右。随着锉刀推进，身体和左腿在推锉的反作用力下随锉刀推进的同时，两手握住锉刀略微抬起，随身体恢复到开始锉削的位置，完成一个锉削动作。

4.4.4　锉削施力和速度

要使表面平直，必须正确掌握锉削力的平衡。锉削时右手的压力要随锉刀的推动而逐渐增加，左手的压力要随锉刀的推动而逐渐减小，当工件处于锉刀中间位置时，两手压力基本相等，始终保持两手的压力对工件工作中心的力矩相等，使锉刀保持平直运动。回程时不加压力，以减少锉齿的磨损。锉削所施加的压力以推锉时发出"唰唰"响声，手上有一种韧性感觉为适宜。

锉削时锉刀的运动频率以 30～60 次/min 为适宜，推出时稍慢，回程时稍快，动作要自然协调。

4.4.5 常用锉削方法

1. 平面的锉削

平面的锉削方法有顺锉法、交叉锉法和推锉法。顺锉法是指锉刀运动方向与工件夹持方向一致的锉削方法,锉削平面可得到正直的锉痕;交叉锉法是指以交叉的两个方向轮流对工件进行锉削的方法,根据表面高低不平的锉痕可判断锉削面的平整程度;推锉法是指用两手对称握住锉刀,用两个大拇指推锉刀进行锉削的方法,能获得平整光洁的加工平面,适用于加工余量小、表面精度要求高或窄平面的锉削及修光。顺锉法、交叉锉法和推锉法如图 4-4-4 所示。

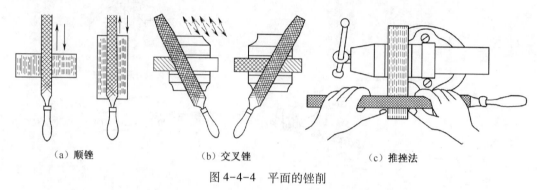

(a) 顺锉　　　　　　　　(b) 交叉锉　　　　　　　　(c) 推挫法

图 4-4-4　平面的锉削

锉削平面时一般先用平锉粗锉,采用交叉锉法去屑快,效率高。再用顺锉法继续将平面锉平锉光,最后用推锉法对平面修正尺寸和进一步改善表面粗糙度,尤其对窄长的表面较适合使用推锉法。

锉削时工件的尺寸可用钢尺或卡尺检查,平直度和垂直度可用刀口尺根据透光法检验。

2. 锉削圆弧面

锉削圆弧面时,锉刀既要向前推进,又要绕弧面中心摆动。常用的有外圆弧面锉削时的滚锉法和顺锉法,如图 4-4-5 所示。内圆弧面锉削时的滚锉法和顺锉法,如图 4-4-6 所示。滚锉时锉刀顺圆弧摆动锉削,常用作精锉外圆弧面。顺锉时锉刀垂直圆弧面运动,适宜于粗锉。

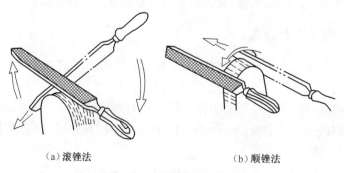

(a) 滚锉法　　　　　　　　　(b) 顺锉法

图 4-4-5　外圆弧面锉削方法

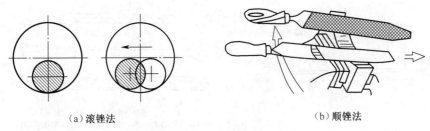

(a)滚锉法　　　　　　　　　　　　　(b)顺锉法

图4-4-6　内圆弧面锉削方法

3. 通孔的锉削

根据通孔的形状、材料、加工余量、加工精度和表面粗糙度选择平锉刀、三角锉刀、圆锉刀等合适的锉刀。图4-4-7所示为通孔的锉削方法。

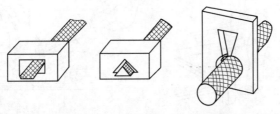

图4-4-7　几种几何形状的锉削

4.4.6　锉削操作注意事项

（1）对铸件上的硬皮或砂粒、锻件上的飞边或毛刺等,要用砂轮磨去后,才可用半锋利的锉刀或旧锉刀锉削。

（2）不要用手摸刚锉过的表面,以免手上有油污,再锉时打滑。

（3）不能用嘴吹锉屑,也不能用手清除锉屑。当锉刀被锉屑堵塞后,应用钢丝刷顺锉纹的方向刷去锉屑,若嵌入的锉屑大则要用铜片剔去。

（4）放置锉刀时,不能把锉刀与锉刀叠放或锉刀与量具叠放。

（5）锉刀材料硬度高而脆,不可把锉刀作榔头或撬杠使用。

（6）用油光锉时,不可用力过大以免折断锉刀。

4.4.7　刮刀及其用法

1. 刮刀

刮刀分为平面刮刀和曲面刮刀两类,形状如图4-4-8所示。刮刀一般由碳素工具钢T10A~T12A或轴承钢锻成,其端部需磨出锋利刃口,并用油石磨光,适合刮削平面。用来刮削硬金属的刮刀头部焊有硬质合金。

2. 刮刀用法

刮削有挺刮法和手刮法两种方法,如图4-4-9所示。

（1）挺刮法。将刮刀柄部放在小腹右下侧,双手并拢握在刮刀前部,左手距刀刃约80mm处,左手在前,右手在后,刮削时刀刃对准研点,左手下压,压刀要准、平、稳。利用

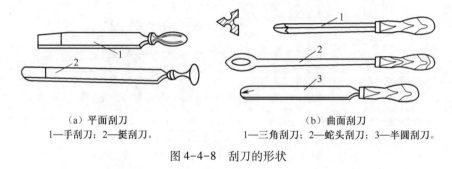

（a）平面刮刀　　　　　　　　　　　　　　　（b）曲面刮刀
1—手刮刀；2—挺刮刀。　　　　　　　　　1—三角刮刀；2—蛇头刮刀；3—半圆刮刀。

图 4-4-8　刮刀的形状

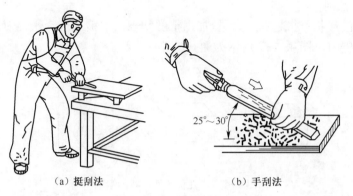

（a）挺刮法　　　　　　　　　　　　　（b）手刮法

图 4-4-9　刮刀的握法

腿部和臀部力量,使刮刀向前推挤,推刀要稳。在推动后的瞬间,同时用双手将刮刀迅速提起,这样就完成了一次挺刮动作。

（2）手刮法。右手如同握锉刀柄姿势握刮刀柄,左手四指向下弯曲握住刮刀近头部约 60mm 处,刮刀与工件倾斜 25°~30° 的角。同时左脚斜跨一步,上身随着向前倾斜,这样可以增加左手压力,便于看清刮刀前面研点的情况。刮削时,右手随着上身前倾推动刮刀前进,用力要均匀,左手下压并引导刮刀沿刮削方向移动,落刀要轻,避免划伤工件。当推进到所要刮削的位置时,左手迅速提起,完成了一次挺刮动作。

4.4.8　刮削精度检验

刮削表面的精度通常用研点法来检验,如图 4-4-10 所示。

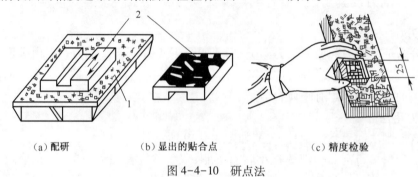

（a）配研　　　　　　　（b）显出的贴合点　　　　　　　（c）精度检验

图 4-4-10　研点法
1—研具；2—工件。

研点法是将工件2被刮面擦净,均匀涂上一层很薄的显示剂(红丹油或蓝油),然后与校准研具1(如标准平板等)对研,工件表面的凸起被磨去显示剂而显出的亮点被称为研点(即贴合点)。用边长25mm正方形方框罩在被检面上,根据方框内的研点数来决定接触度。一般平面为8~16点,精密平面为10~25点,超精密平面大于25点。

大多数刮削平面还有平面度和直线度要求,如工件平面大范围的平面度、机床导轨面的直线度等。对于这些精度,可以用框式水平仪或测微表来检验。

4.4.9 平面刮削

平面刮削分为粗刮、细刮、精刮、刮花等。

1. 粗刮

为使较粗糙的工件表面平滑,避免研点时划伤检验平板,需要先用刮刀将其全部粗刮一遍。粗刮时要用长刮刀,刀口端要平,刮过的刀痕要宽(10mm以上),行程要长(10~15mm)。粗刮的方向不能与加工留下的刀痕方向垂直,一般要与刀痕方向成45°,如图4-4-11所示,刮削方向应交叉,以免因刮刀颤动而在表面刮出波纹。刮痕应连成一片,不能重复。机械加工留下的刀痕刮除后即可研点,并按显出的高点逐一刮削。用边长25mm正方形方框罩检验,当工件表面上贴合点达到4~5点时可以开始细刮。

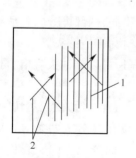

图4-4-11 粗刮方向
1—机械加工刀痕方向;2—刮削方向。

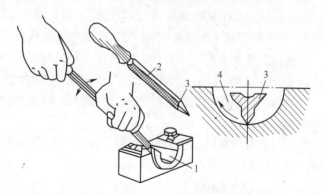

图4-4-12 用三角刮刀刮削轴瓦
1—轴瓦;2—三角刮刀;3—刮刀切削部分;4—刮削方向。

2. 细刮

细刮是刮去粗刮后的高点,增加工件表面的贴合点。刮削刀痕宽度6mm左右,长5~10mm。细刮要刮在点子上,点子少则刮去得多,点子多则刮去得少。要向同一方向刮,刮第二遍时应与第一遍成45°或60°方向,交叉刮出网纹。

3. 精刮

精刮时选用短刮刀,用力要小,刀痕较短(3~5mm)。反复刮削,直到研点值达到要求为止。

4. 刮花

为了增加美观,保证润滑良好,参照刀花的消失情况判断平面的磨损程度,所以需要刮花。一般常见刮花的花纹有斜纹花纹(即小方块)和鱼鳞花纹等。

4.4.10　曲面刮削简介

对于滑动轴承的轴瓦、衬套等工件，为获得良好的配合精度，需要进行刮削。图 4-4-12 所示为用三角刮刀刮削轴瓦。研点方法：先在轴上涂色，再与轴瓦对研。

4.5　孔　加　工

机械零件上分布着许多大小不同的孔，有些是通过车、镗、铣等机床加工出来的，有些精度不高的孔则是钳工使用钻孔工具在钻床上加工出来的。钳工常用的孔加工方法有钻孔、扩孔和铰孔等。钻孔、扩孔和铰孔分别属于孔的粗加工、半精加工和精加工。

4.5.1　钻孔基本知识

钳工使用的钻孔工具有台式钻床、立式钻床、摇臂钻床和手电钻等。

钻孔是指使用钻头在材料实体部位加工孔的操作。钻孔时钻头在旋转（主运动）的同时做轴向移动（进给运动）。由于钻头结构上存在着一些如刚性差、切削条件差等缺点，故钻孔精度低，尺寸公差等级一般为 IT12～IT11，表面粗糙度 Ra 值为 12.5～25μm。

麻花钻是钳工钻孔最常用的刀具，通常由高速钢（W18Cr4V）制成并经热处理。麻花钻由柄部、颈部和工作部分组成，因其外形像麻花而得名。

柄部是钻头的夹持部分，用来传递转矩和轴向力。按形状不同，柄部可分为直柄和锥柄两种，直径小于 12mm 时，一般为直柄钻头，直径大于 12mm 时为锥柄钻头。

颈部位于柄部与工作部分之间，供磨削钻头时砂轮退刀用，还可以刻钻头规格、材料、商标等标记。

工作部分由切削部分和导向部分组成，前端的切削部分由前刀面、后刀面、主切削刃、棱边（副切削刃）、刃带、刀沟、横刃等组成，如图 4-5-1 所示。切削部分的两条对称的主切削刃担负着主切削工作，两刃之间的夹角为 118°，称为锋角。两个顶面的交线称为横刃，横刃的存在使钻削的轴向力增加。钻削时，作用在横刃上的轴向力很大，因此大直径

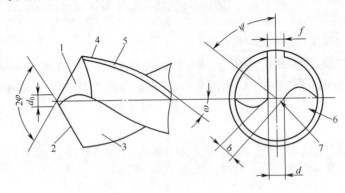

图 4-5-1　标准麻花钻的切削刃

1—后刀面；2—主切削刃；3—前刀面；4—棱边；5—刃带；6—刀沟；7—横刀。

的钻头常采用修磨的方法缩短横刃,以降低轴向力。导向部分由螺旋槽和棱边(副切削刃)组成,两条刃带在切削时起导向和减少钻头与工件孔壁的摩擦作用,两条对称的螺旋槽用来形成切削刃,起输送切削液和排屑之用。麻花钻的结构决定了它的刚性和导向性均较差。

4.5.2 钻孔基本技能

1. 钻头的安装

钻头夹具常用的有钻夹头和钻套。钻火头是用来装夹直柄钻头的工具,其尾部是圆锥面,可装在钻床主轴内的钻孔里,头部有3个自动定心的夹爪,通过转动固紧扳手可使3个夹爪同时合拢或张开,夹紧或放松钻头,固紧扳手顺时针旋转为夹紧,逆时针旋转为松开,图4-5-2所示为钻夹头装夹。钻套又称为过渡套筒,套筒上方的长方孔是卸钻头时打入楔铁用的。锥柄钻头尺寸大的可以直接装入钻床主轴孔内,较小的锥柄钻头可借助过渡套筒安装,若用一个钻套仍不能满足要求,也可用两个以上钻套作过渡连接。采用锥面安装其配合牢靠,同轴度高。刀具锥柄末端的扁尾用以增加传递力量,避免刀具打滑,便于卸下钻头,图4-5-3所示为钻套装夹方法及其拆卸方法。钻头夹装时,应先轻轻夹住,开车检查有无偏摆。若无偏摆,则停车夹紧,开始工作;若有偏摆,应重新装夹,纠正后再夹紧。

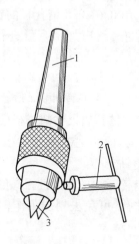

图 4-5-2　钻夹头装夹
1—锥柄;2—扳手;3—钻头安装孔。

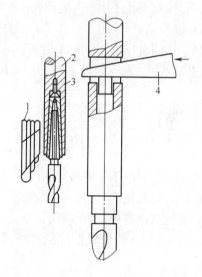

图 4-5-3　钻套装夹及其拆卸方法
1—钻头;2—主轴;3—钻套剖面;4—楔铁。

2. 工件的装夹

装夹工件的夹具有手虎钳、平口钳、压板等。

由于钻头的转速较高,切削力较大,因此应根据工件的大小、形状与钻孔直径,选用不同的安装方法和夹具。一般薄壁工件可用手虎钳装夹,中小型平整工件用平口钳装夹,大件用压板螺钉直接装夹在钻床工作台上。在圆柱形工件上钻孔时,可放在 V 形铁上进行,也可用平口钳装夹,各种装夹方法如图4-5-4所示。

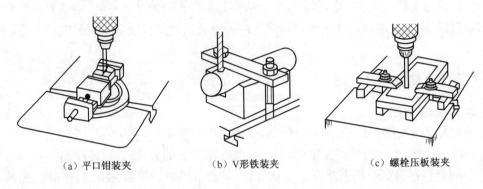

（a）平口钳装夹　　　　（b）V形铁装夹　　　　（c）螺栓压板装夹

图4-5-4　工件的装夹

无论采用哪种夹持方法,都应使孔中心线与钻床工作台面垂直。

3. 钻孔操作

1）钻头的选择

钻孔前,要根据孔径尺寸和精度等级选用合适的钻头,并且要夹持稳定牢固。选择方法如下。

（1）钻削直径小于30mm的孔。若精度较低,可选用与孔径相同直径的钻头一次钻出;若精度较高,可选用小于孔径的钻头钻孔,留出加工余量进行扩孔或绞孔。

（2）钻削直径为30~80mm的孔。若精度较低,可选用0.6~0.8倍孔径的钻头进行钻孔,然后扩孔;若精度较高,可选用小于孔径的钻头钻孔,留出加工余量进行扩孔或铰孔。

2）划线

按钻孔的位置和尺寸要求,划出孔位的十字中心线,打上中心样冲眼(位置要准,样冲眼要小)。按孔径大小划出检查圆,以便找正中心,便于引钻,如果钻削直径较大的孔,需要划出几个大小不等的检查圆或直接划出以孔中心线为对称中心的几个大小不等的方框,作为检查线,然后将中心样冲眼打深一点,以便准确落钻定心。

在大批量生产中,广泛应用钻模夹具。在钻模上装有淬过火的耐磨性很高的钻套,用来引导钻头,钻套的位置根据钻孔要求而定。用钻模钻孔,可免去划线工作,且钻孔精度高。

3）起钻和纠偏

开始钻孔时,应对准样冲眼试钻一浅坑(约占孔径的1/4),检查孔的中心是否与检查圆同心,如有偏位应及时纠正。偏位较小时,可用样冲重新打样冲眼纠正;偏位较大时,可用窄钻将偏斜相反的一侧錾低一些,将偏位的坑校正过来。

4）钻削通孔

钻孔时进给速度要均匀。开始钻孔时,要用较大的力向下进给(手动进给时),避免钻尖在表面晃动而不能钻入;即将钻透前,压力要逐渐减小,防止钻头在通孔的瞬间抖动,折断钻头,影响孔的质量和安全。

5）钻削盲孔

其主要是控制钻削深度，常用的方法有设置好钻床上的深度标尺挡块、安置控制长度量具和用粉笔作标记等。

6）钻削深孔

深孔指深度超过孔径3倍的孔。钻削深孔时，要经常退出钻头以便排屑和冷却；否则会造成切屑堵塞，加剧钻头的磨损。钻削韧性材料和深孔时要加切削液。

7）钻削大直径孔

钻床钻孔时，孔径大于30mm应分两次钻削。第一次用0.6~0.8倍孔径的钻头先钻孔，第二次使用所钻孔径的钻头将孔扩大到所需的直径。两次钻削既有利于提高钻头寿命，又有利于提高钻孔质量。

4.5.3 扩孔

扩孔是指使用扩孔工具对已钻出的孔或锻、铸出的孔进行扩大孔径的加工方法。精度较高的中小直径孔，在钻削之后，通常需要采用扩孔和铰孔来进行半精加工和精加工。扩孔的尺寸精度可达IT10~IT9，表面粗糙度值$Ra = 6.3 \sim 3.2 \mu m$。扩孔使用的工具是扩孔钻，它与麻花钻的形状相似，不同之处是切削刃数量有3~4个、无横刃、钻心较粗、螺旋槽浅、刚性和导向性好，所以它切削平稳，扩孔后的质量较钻孔质量要好。扩孔的方法与钻孔相同。扩孔钻和扩孔的示意图如图4-5-5所示。

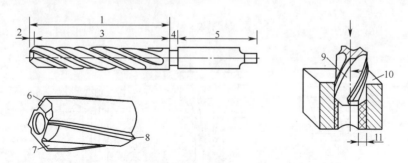

图 4-5-5 扩孔钻和扩孔
1—工作部分；2—切削部分；3—校准部分；4—颈部；5—柄部；6—主切削刃；
7—前刃面；8—刃带；9—扩孔钻；10—工件；11—扩孔余量。

4.5.4 铰孔

铰孔是指用铰刀从工件壁上切除微量金属层，以提高其尺寸精度和降低表面粗糙度的加工方法。其尺寸精度可达IT8~IT7，表面粗糙度Ra值可达$0.8 \sim 0.4 \mu m$。铰刀的特点是：切削刃多（6~12个）、容屑槽很浅、刀心截面大，刚性和导向性比扩孔钻更好。铰刀本身精度高且有校准部分，可校准和修光孔壁。铰刀加工余量小（精铰0.05~0.15mm，粗铰0.15~0.35mm），切削速度很低，一般应选用合适的切削液，铰铸铁件用煤油，铰钢件用乳化液。铰刀有手用铰刀和机用铰刀两种。机用铰刀多为锥柄，可装在钻床、车床上进行铰孔。铰孔时选用的切削速度较低，并选用合适的切削液，以降低加工孔的表面粗糙度。

在机床上铰孔时要在铰刀退出后才可停车。手用铰刀为直柄,工作部分长,铰孔时导向作用好,用于手工铰孔。在手动铰孔时,用手扳动铰杠,铰杠带动铰刀对孔进行精加工,铰刀在孔中不允许倒转。铰刀的工作部分由切削部分和修光部分组成,切削部分担负着切削工作,修光部分起着导向和修光作用,如图 4-5-6 所示。

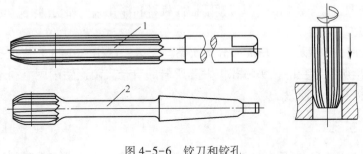

图 4-5-6　铰刀和铰孔
1—手用铰刀;2—机用铰刀。

4.5.5　锪孔与锪平面

对工件上原有的孔进行孔口型面加工的过程称为锪削,如图 4-5-7 所示。锪削又分为锪孔和锪平面。

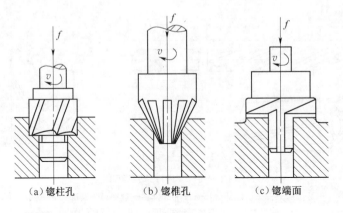

(a)锪柱孔　　　　(b)锪锥孔　　　　(c)锪端面

图 4-5-7　锪削工作

圆柱形埋头孔锪钻的端刃起主切削作用,周刃作为副切削刃,起修光作用。为保持原孔与埋头孔同心,锪钻前端带有导柱,可与已有孔滑配,起定心作用。

锥表锪钻的顶角有 60°、75°、90° 及 120° 等,其中 90° 的用得最为普遍。锥形锪钻有 6~12 个刀刃。

端面锪钻用于锪与孔垂直的孔口端面(凸台平面)。小直径孔口端面可直接用圆柱形埋头孔锪钻加工,大孔口端面可另行制作锪钻。

锪削时,锪削速度不宜过高,锪削钢件时需要加润滑油,以免锪削表面产生径向振纹或出现多棱形等质量问题。

4.6 攻螺纹和套螺纹

用丝锥在圆孔的内表面加工出内螺纹的操作称为攻螺纹,也称为攻丝。用板牙在圆杆的外表面加工出外螺纹的方法称为套螺纹,也称为套丝或套扣。由于连接螺钉和紧固螺钉都已经实现标准化,所以攻螺纹和套螺纹的刀具也实现了标准化。

在螺纹加工中攻螺纹和套螺纹最常见,且主要靠手工操作。

4.6.1 攻螺纹

1. 攻螺纹工具

攻螺纹的主要工具是丝锥和铰杠(扳手)。

1) 丝锥

丝锥是加工内螺纹的刀具,由高质量碳素工具钢经过淬火和削磨而成。它的结构如图 4-6-1 所示,其工作部分是一段开槽的外螺纹,由切削部分和校准部分组成。切削部分是圆锥形,有锋利的切削刃,起主要的切割作用,切削负荷被各刀齿分担。修正部分具有完整的齿形,用以校准和修光切出的螺纹,并引导丝锥沿轴向运动。工作部分有 3~4 条窄槽,以形成切削刃和排除切屑,以及便于切削液润滑丝锥。丝锥的柄部是方形的,攻螺纹时用其传递力矩。

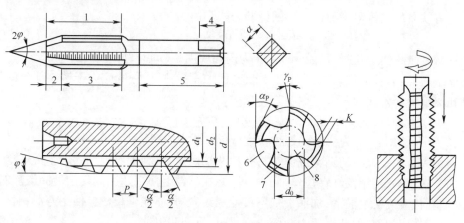

图 4-6-1　丝锥结构及应用

1—工作部分;2—切削部分;3—校准部分;4—夹持部分;5—柄部;6—退削槽;
7—切削齿;8—芯部。

丝锥有机用丝锥和手用丝锥两种,机用丝锥一般为一支,手用丝锥可分为两个一组或 3 个一组,即头锥、二锥、三锥,其目的是合理分配切削余量,头锥切去 60%,二锥切去 30%,三锥切去余下的 10%。按这种顺序依次攻螺纹才能达到配合要求,否则螺钉无法旋入螺孔中。通常 M6~M24 的手用丝锥两个一组,螺距大于 2.5mm 的丝锥和 M6 以下 M24 以上手用丝锥 3 个一组。在一组丝锥中,丝锥的直径都一样,只是切削部分的长度和锥角不同。头锥的切削部分长些,一般有 5~7 个牙形,锥角较小;二锥的切削部分短些,一般有 1~2 个牙形,锥角较大。

2) 铰杠

铰杠是用来夹持并转动丝锥的手动工具,有可调式铰杠和固定式铰杠,固定式铰杠主要用于攻 M5 以下的螺纹孔,可调式铰杠主要用于攻 M5~M24 的螺纹。图 4-6-2 所示的是可调式铰杠,转动右边的手柄或螺钉,可调节方孔大小,以便夹持各种不同尺寸的丝锥。铰杠规格应与丝锥大小相适应,太小攻螺纹困难,太大易折断丝锥。

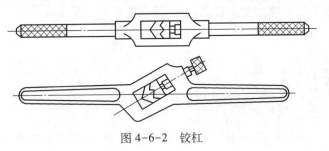

图 4-6-2　铰杠

2. 攻螺纹方法

攻螺纹前必须钻出具有正确螺纹底径和深度的孔。螺纹底孔直径可以通过查表或用经验公式计算得出。

对钢材、紫铜等韧性材料的经验公式为

$$D = d - P$$

对铸铁、青铜、铸铝等脆性材料的经验公式为

$$D = d - (1.05 \sim 1.1)P$$

式中:D 为攻螺纹前钻底孔直径(mm);d 为内螺纹大径(mm);P 为螺距(mm)。

攻不通孔(盲孔)螺纹,由于丝锥不能攻到底,因此底孔深度应大于螺纹部分的长度,其钻孔深度经验公式为

$$L = L_0 + 0.7d$$

式中:L 为钻孔深度,L_0 为要求的螺纹长度(mm);d 为内螺纹大径(mm)。

用稍大于底孔直径的钻头或锪钻将孔口两端倒角,以利于丝锥切入。

(1) 选用头锥,用铰杠夹住丝锥的方榫,并在丝锥上使用适当的切削液润滑。对于钢料,要加乳化液或机油润滑,加润滑剂不仅使螺纹光洁,还能延长丝锥使用寿命;对于铸铁件,一般不加切削液,但若螺纹表面要求光滑时,可加些煤油。

(2) 用头锥攻螺纹时,将丝锥垂直放入底孔,然后用右手握铰杠中间,并用食指和中指夹住丝锥,轻压并顺时旋入 1~2 周,再用目测或用直尺在两个相互垂直的方向上校准丝锥与端面的垂直度(在互成 90° 的垂直面上检查)。如果不垂直,就要从孔中取出,并从丝锥倾斜的方向重新加力。在矫正过程中不要施加太大的力;如果垂直,就用双手握铰杠两端,双手用力要平衡,平稳顺时针转动,直至切削部分全部切入后,就不要施压了,靠丝锥的自然旋进即可,这时每旋进 1~2 周反转 1/4 周,以利于断屑和排屑,如图 4-6-3 所示。注意:如果感到转矩很大,不可强行扭动,应将丝锥反转退出,矫正后再攻。

(3) 头锥攻完后,反向退出,再改用二锥、三锥,每换一锥,应先旋入 1~2 圈扶正、定位,再使用铰杠攻入,以防乱扣。

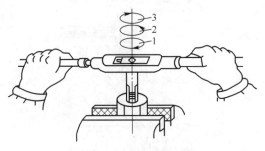

图 4-6-3 攻螺纹操作

1—顺转一圈;2—反转 1/4 到 1/2 周;3—继续顺转。

(4)攻盲孔螺纹时,可在丝锥上做好标记,如图 4-6-4 所示。

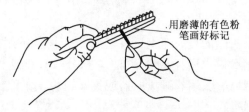

用磨薄的有色粉笔画好标记

图 4-6-4 攻盲孔在丝锥上做深度标记

3. 断丝锥的处理方法

1)露出孔外断丝锥的取法

(1)直接用钳子拧出。

(2)将一个弯管或螺母焊在折断的丝锥上,用以将折断的丝锥拧出,如图 4-6-5 所示。

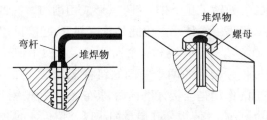

弯杆　堆焊物　堆焊物　螺母

图 4-6-5 焊接法

2)断在孔内断丝锥的取法

(1)丝锥拔取器法。丝锥拔取器有一个扳手,可适用所有尺寸的丝锥。取出折断的右旋丝锥时,拔取器应逆时针旋转。注意:不能强行拔取,以免损坏拔取器,而应小心地来回旋转扳手,使丝锥充分松动。

(2)敲击法。沿丝锥断层沟槽的边缘,用锤子小心逆向敲击冲子,将折断的丝锥旋出,如图 4-6-6 所示。

(3)钻孔法。如果折断的是碳钢材料丝锥,可以用钻孔法钻出。过程如下:用乙炔或喷灯将断锥加热到亮红色,然后使它慢慢冷却;在尽可能靠近丝锥中心的地方冲孔;用略小于底孔直径的钻头在折断的丝锥上钻出一个孔;用扩孔尽可能多地去除沟槽之间的金

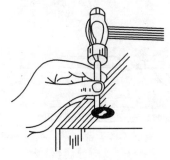

图 4-6-6　敲击法

属；用冲子冲去剩余的部分并取出残片。

（4）丝锥分解机。丝锥分解机使用电解原理，用一个空心的黄铜管作电极，电解丝锥。

（5）酸腐蚀法。如果折断的是高速钢材料丝锥，并且不能够用拔取器取出，可以用酸腐蚀法取出，过程如下：用5份水稀释一份硝酸（体积分数）；把这种混合物注射到孔中，酸性将对钢起作用，使丝锥松缓；用丝锥拔取器或钢丝钳将丝锥取出；用清水洗去螺纹上残留的酸，以免继续腐蚀螺纹。

4.6.2　套螺纹

套螺纹，也称套丝或套扣，是指用板牙在圆柱面上加工外螺纹的方法。套螺纹用的主要工具是板牙和板牙架。

1. 套螺纹工具

（1）板牙。板牙是专门用于套螺纹的刀具，有固定式和开缝式两种。板牙的形状与圆形螺母相似，在靠近螺纹处钻了几个排屑孔，以形成切削刃。它的两端是切削部分，制成 2φ 锥角，一端磨损后，换另一端使用。中间是校准部分，起修正和导向作用，如图4-6-7所示。板牙的外圆柱面上有4个锥坑和一个V形槽。有两个轴线方向与板牙直径方向一致锥坑，其作用是通过板牙架上的两个紧固螺钉将板牙紧固在板牙架内，以便传递转矩。另外，两个偏心锥坑的作用是当板牙磨损后，将它沿V形槽锯开，拧紧板牙架上的调整螺钉，螺钉顶在这两个锥坑上，使板牙孔微量缩小以补偿板牙的磨损。

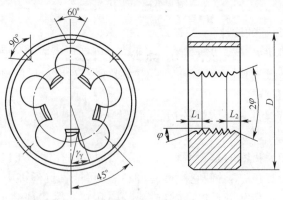

图 4-6-7　板牙

（2）板牙架。板牙架是用于夹持板牙并带动板牙旋转的专用工具，其构造如图4-6-8所示。它与板牙配套使用，为减少板牙架的规格，一定直径范围内的板牙的外径相等，当板牙外径与板牙架不匹配时，可加过渡套或改用其他型号的板牙架。

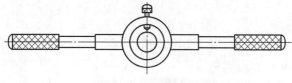

图4-6-8　板牙架

2. 套螺纹方法

套螺纹时主要是切削金属形成螺纹牙形，同时也有挤压作用。套螺纹前，应检查圆杆直径，直径太大难以套入，直径太小套出的螺纹不完整。

圆杆直径的经验公式为

$$d_0 = d - 0.13P$$

式中：d_0 为套螺纹前工件直径（mm）；d 为螺纹大径（mm）；P 为螺距（mm）。

（1）套螺纹前，必须将圆杆倒角，以利于板牙顺利套入。

（2）夹装工件时，工件伸出钳口的长度要稍大于螺纹长度。

（3）选择合适的板牙及板牙架，选用合适的切削液。

（4）板牙带锥度的一端垂直地放在工件上，如图4-6-9所示。

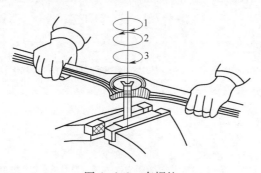

图4-6-9　套螺纹

（5）开始转动板牙架时，要稍加压力，并顺时针方向旋转。

（6）检查板牙是否与工件垂直，如果不垂直，将板牙从工件上移开并垂直地重新开始。

（7）旋转板牙一圈回转大半圈，以折断切屑。

（8）套入3~4圈后，即可只转动不再加压，并时常反转以便断屑，也应加切削液。

4.7　鏨　削

鏨削是用手锤锤击鏨子，对金属工件进行切削加工的操作。鏨削用于加工平面、沟槽等，切断材料及切除铸、锻件上的飞边等。主要用于不便于机械加工的场合。

4.7.1 錾削工具

1. 錾子

錾子一般是用碳素工具钢锻成,刃部经淬火和回火处理,有较高的硬度和足够的韧性。常用的錾子有扁錾、尖錾、油槽錾,如图 4-7-1 所示。扁錾用于錾削平面和切断材料,刃宽一般为 10~15mm;尖錾用于錾削沟槽,刃宽约 5mm;油槽錾刃宽且呈圆弧形。錾子全长为 125~150mm。錾刃楔角应根据加工材料的不同而异,錾削铸铁材料时一般为 70°左右;錾削钢时一般为 60°左右;錾削铜、铝等材料时一般不大于 50°。

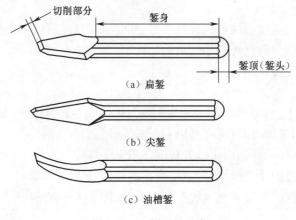

图 4-7-1 錾子的种类

2. 锤子

常用的锤子为 0.5kg,全长约为 300mm,锤头多用碳素工具钢锻造,后经淬火和回火处理。

4.7.2 錾削操作方法

1. 錾子的握法

一般采用正握法,如图 4-7-2 所示。手心向下,握住錾柄,錾顶露出 10~15mm,食指和拇指自然伸开合拢,其余三指握住錾身。

图 4-7-2 錾子的握法

2. 錾削的姿势

操作者的部位和姿势应便于用力,身体重心偏于右脚,挥锤要自然,眼睛应正视錾刃而不是看錾子的头部,如图 4-7-3 所示。

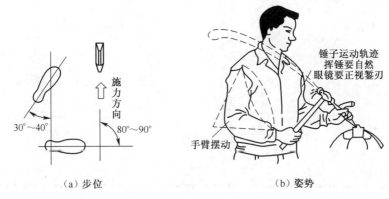

施力方向

30°~40°

80°~90°

（a）步位

锤子运动轨迹
挥锤要自然
眼镜要正视錾刃

手臂摆动

（b）姿势

图 4-7-3 錾削时的步位和姿势

3. 錾削角度与操作

錾子的切削刃是由两个刀面组成,构成楔形,如图 4-7-4 所示。錾削时影响工作效率和质量的主要因素是楔角 β 和后角 α 的大小。楔角 β 越小,刃越锋利,切削越省力,但太小时刀头强度较低,刃口容易崩裂。后角 α 的大小将影响錾削过程的进行和工件加工质量,后角 α 一般在 4°~8°范围内选取,如图 4-7-5 所示。錾削层较厚时 α 角应小些,錾削层较薄时 α 角应大些,如图 4-7-6 所示。

（1）握錾子要稳而不僵,发现 α 角不合适应及时调整。

（2）每次的錾削量在 0.2~2mm 之间。一般錾削层厚度为 1~2mm 时,α 角应为 4°~5°;錾削层厚度为 0.2~1mm 时,α 角应为 6°~8°。

（3）錾削时应握稳錾子使 α 角保持不变,捶击力要通过錾子轴线,不能忽大忽小。楔角的刃磨角度要与工件材质匹配。

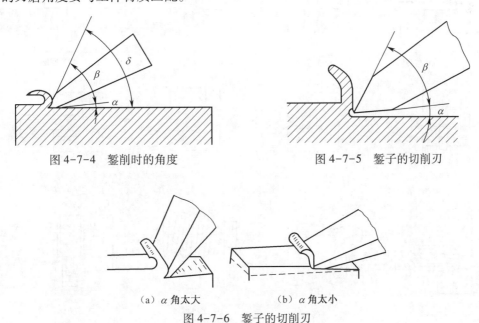

δ

β

α

图 4-7-4 錾削时的角度

β

α

图 4-7-5 錾子的切削刃

（a）α 角太大

（b）α 角太小

图 4-7-6 錾子的切削刃

第5章
车 削 加 工

5.1 概　述

　　车削是在车床上用车刀对工件进行切削加工的过程。由回转表面构成的轴、盘、套类零件,大都是经车床加工出来的,车削加工是金属切削加工中最常见也是最基本的加工方法之一。主要用于加工内外圆柱面、圆锥面、端面、成形回转面以及内外螺纹和蜗杆等,如图 5-1-1 所示。

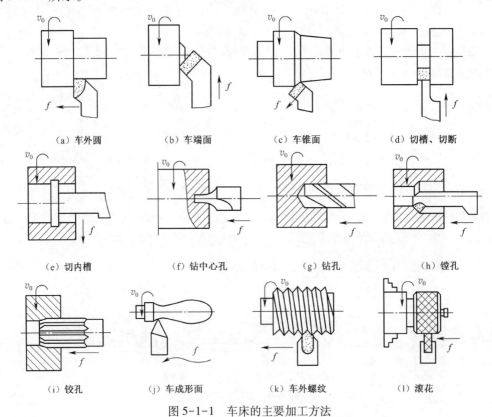

（a）车外圆　　　　　　（b）车端面　　　　　　（c）车锥面　　　　　（d）切槽、切断

（e）切内槽　　　　　　（f）钻中心孔　　　　　（g）钻孔　　　　　　（h）镗孔

（i）铰孔　　　　　　　（j）车成形面　　　　　（k）车外螺纹　　　　（l）滚花

图 5-1-1　车床的主要加工方法

5.1.1 车削的特点

车床加工精度尺寸公差等级一般为 IT10～IT7，表面粗糙度 Ra 为 6.3～1.6μm。

车削加工与其他切削加工方法比有很多优点。

（1）车削适应性强，应用广泛，对于轴、盘、套类等零件各表面之间的位置精度要求容易达到。

（2）一般情况下，切削过程比较平稳，可以采用较大的切削用量，以提高生产效率。

（3）刀具简单，制造、刃磨和安装方便。

5.1.2 车削运动

无论在哪种机床上进行切削加工时，刀具和工件之间都必须有适当的相对运动，称为切削运动。车削时，主运动是工件的旋转，车刀的旋转是进给运动。车削运动的示意图如图 5-1-2 所示。

在车削时，车削用量是切削速度 v_c、进给量 f 和背吃刀量 a_p 这 3 个切削要素的总称，它们对加工质量、生产成本及生产率有很大的影响。

1. 切削速度 v_c

切削速度是指单位时间内工件和刀具沿主运动方向相对移动的距离，即工件加工表面相对刀具的线速度，即

$$v_c = \frac{\pi \cdot d\,n}{1000}$$

其中，d 为切削部位工件最大直径（mm）；n 为工件的转速（r/min）。

2. 进给量 f

车削加工中，进给量是指工件旋转一周，车刀沿进给方向的移动量，其单位是 mm/r。

3. 背吃刀量 a_p

其又称为切削深度，是指待加工表面与已加工表面的垂直距离，单位为 mm。

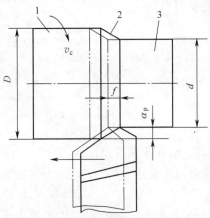

图 5-1-2 车削用量和车削运动

1—待加工表面；2—过渡表面；3—已加工表面。

5.2 车 床

5.2.1 卧式车床

车床的种类很多,按其用途和结构的不同,可分为卧式车床、立式车床、多刀车床、自动及半自动车床、数控车床及各种专门化车床等,其中卧式车床是应用最广泛的一种,它能加工各种轴类、套筒类和盘类零件上的旋转表面。

1. 卧式车床的型号

卧式车床用 C61XXX 来表示,其中:C 为机床分类号,表示车床类机床;61 为组系代号,表示卧式。其他数字或字母表示车床的有关参数和改进号。例如,C6132A 型卧式车床中,"32"表示主要参数代号(最大车削直径为 320mm),"A"表示重大改进序号(第一次重大改进)。

2. C6132 卧式车床主要部件名称

C6132 型普通车床的主要组成部分有主轴箱、变速箱、进给箱、溜板箱、床身、床腿、尾座和刀架等,如图 5-2-1 所示。

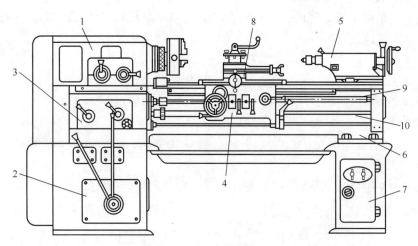

图 5-2-1　C6132 卧式车床

1—主轴箱;2—变速箱;3—进给箱;4—溜板箱;5—尾座;

6—床身;7—床腿;8—刀架;9—丝杠;10—光杠。

1)床头箱

床头箱又称主轴箱,内装主轴和变速机构,工件通过卡盘装夹在主轴前端。主轴箱用来支承主轴并把动力经主轴箱内的变速机构传给主轴,使主轴带动工件按照规定的转速旋转,实现主运动。

电动机的运动经 V 形带传动传给主轴箱,通过主轴箱内的变速机构使主轴得到不同的转速。变速是通过改变设在床头箱外面的手柄位置,使主轴获得不同的转速(45～1980r/min)。主轴是空心结构,能通过长棒料,棒料能通过主轴孔的最大直径是 29mm。

主轴的右端有外螺纹,用以连接卡盘、拨盘等附件。主轴右端的内表面是莫氏5号的锥孔,可插入锥套和顶尖,当采用顶尖并与尾架中的顶尖同时使用安装轴类工件时,其两顶尖之间的最大距离为750mm。床头箱的另一重要作用是将运动传给进给箱并可改变进给方向。

2）进给箱

进给箱又称走刀箱,它是进给运动的变速机构。它固定在床头箱下部的床身前侧面。变换进给箱外面的手柄位置,可将床头箱内主轴传递下来的运动,通过配换齿轮传递过来的转动分别传递给光杠或丝杠,使光杠或丝杠获得不同的转速,可按需要改变进给量的大小或车削不同螺距的螺纹。其纵向进给量为 0.06~0.83mm/r;横向进给量为 0.04~0.78mm/r;可车削 17 种公制螺纹(螺距为 0.5~9mm)和 32 种英制螺纹(每英寸 2~38 牙)。

3）变速箱

安装在车床前床脚的内腔中,并由电动机(4.5kW、1440r/min)通过联轴器直接驱动变速箱中齿轮传动轴。变速箱外设有两个长的手柄,可分别移动传动轴上的双联滑移齿轮和三联滑移齿轮,能获得 6 种转速,通过皮带传动至床头箱。大多数车床的床头箱和变速箱是合在一起的,而 C6132 卧式车床的床头箱和变速箱是分离的,这样可减小主轴的震动,提高零件的加工精度。

4）溜板箱

溜板箱又称拖板箱,溜板箱是车床进给运动的操纵机构。它使光杠或丝杠的转动转化为刀架的进给,以车削不同的工件和车削螺纹。溜板箱上有 3 层用板,当接通光杠时,可使床鞍带动中刀架、小刀架及刀架沿床身导轨做纵向移动;中刀架可带动小刀架及刀架沿床架上的导轨做槽向移动。故刀架可做纵向或横向直线进给运动。当接通丝杠并闭合开合螺母时可车削螺纹。溜板箱内设有互锁机构,使光杠、丝杠两者不能同时使用。

5）刀架

它是用来装夹车刀,使车刀可做纵向、横向及斜向运动。刀架是多层结构,如图 5-2-2所示,它由下列部件组成。

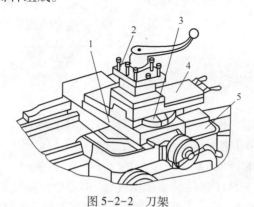

图 5-2-2　刀架
1—中刀架;2—方刀架;3—转盘;4—小刀架;5—大刀架。

（1）大刀架。大刀架也叫大拖板,与溜板箱牢固相连,它带动车刀沿车床床身导轨做纵向移动。

（2）中刀架。中刀架也叫中滑板，它安装在大刀架顶面的出向导轨上，可做横向移动。

（3）转盘。固定在中刀架上，松开紧固螺母后，可转动转盘，使其与床身导轨成所需要角度，然后再拧紧螺母，以加工圆锥面等。

（4）小刀架。安装在转盘上面的燕尾槽内，可作短距离的进给移动。

（5）方刀架。固定在小刀架上，可同时装夹四把车刀。松开销紧手柄，即可转动方刀架，把所需要的车刀更换到工作位置上。

6）尾座

如图 5-2-3 所示，尾座用于安装后顶尖，以支持较长工件的加工，或安静装钻头、铰刀等刀具进行孔加工。偏移尾座可以车削加工长工件的锥体。尾座的结构由以下部分组成。

（1）套筒。其左端有锥孔，用以安装顶尖或锥柄刀具。套筒在尾座体内的轴向位置可用手轮调节，并可用锁紧手柄固定。将套筒退至极右位置时，即可卸出顶尖或刀具。

（2）尾座体。与底座相连，当松开固定螺钉，拧动调节螺钉可使尾座体在底板上作微量校向移动，如图 5-2-4 所示，以便使前后顶尖对准中心或偏移一定距离车削长锥面。

（3）底板。直接安装于床身导轨上，用以支承尾座体。

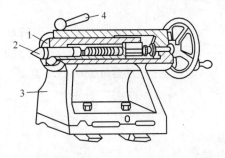 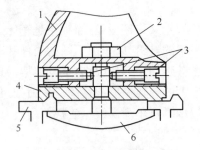

图 5-2-3　尾座示意图　　　　　　　　图 5-2-4　尾座体横向调节
1—套筒；2—顶尖；3—尾座体；4—套筒缩进手柄。　　1,4—尾座体；2—固定螺钉；3—调节螺钉；
　　　　　　　　　　　　　　　　　　　　5—机床导轨；6—底板。

7）光杆与丝杆

进给箱的运动传至溜板箱。光杆用于一般车削，丝杆用于车螺纹。

8）床身

床身是车床的基础件，用来连接各主要部件，并保证各部件在运动时有正确的相对位移，在床身上有供溜板箱和尾座移动用的导轨。

9）前床脚和后床脚

用来支承和连接车床各零部件的基础构件，床脚用地脚螺栓紧固在地基上。车床的变速箱与电动机安装在前床脚内腔中，车床的电气控制系统安装在后床脚内腔中。

5.2.2　卧式车床的传动系统

车床的传动路线指从电动机到主轴或刀架之间的运动传递路线，图 5-2-5 所示为

C6132 型车床的传动路线。

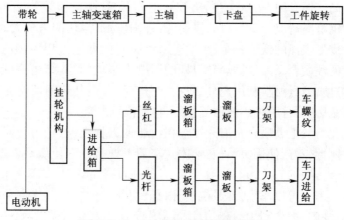

图 5-2-5　C6132 型车床的传动路线

5.3　车　刀

工件的车削主要是通过夹在主轴卡盘上的零件在主轴的带动下旋转,刀具做横向和纵向的运动,来实现零件的车削。几种常见的车刀外形如图 5-3-1 所示。

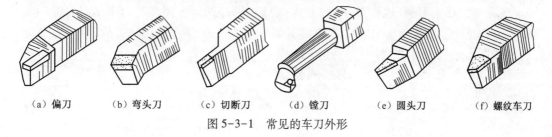

（a）偏刀　　（b）弯头刀　　（c）切断刀　　（d）镗刀　　（e）圆头刀　　（f）螺纹车刀

图 5-3-1　常见的车刀外形

5.3.1　车刀的结构

车刀是金属切削加工中应用最广泛的刀具,它可以用来加工外圆、内孔、端面、螺纹,也可以用于切槽和切断等,因此车刀在形状、结构尺寸等方面各不相同,种类很多。

车刀从结构上可分为 4 种形式,即整体式、焊接式、机夹式、可转位式,如图 5-3-2 所示。

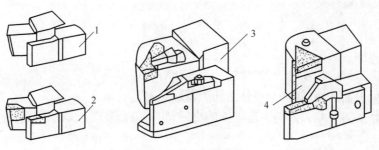

图 5-3-2　车刀的结构

1—整体式;2—焊接式;3—机夹式;4—可转位式。

（1）整体式车刀。它指整个刀具,包括切削部分和刀杆部分全都是同一种刀具材料制成的。整体式高速钢车刀,刃磨方便,刀口可磨得较锋利,刀具磨损后可以多次重磨。但刀杆也为高速钢材料造成刀具材料的浪费,刀杆强度低,当切削力较大时会造成破坏,一般用于较复杂成形表面的低速精车,小型车床或加工非铁金属使用;硬质合金焊接式车刀是将一定形状的硬质合金刀片钎焊在刀杆的刀槽内制成的,其结构简单、紧凑,使用灵活,制造和刃磨方便,刀具材料利用充分,应用十分广泛。但其切削性能受工人的刃磨技术水平和焊接质量影响,且刀杆不能重复使用,材料浪费严重。

（2）焊接式车刀。把硬质合金刀片焊接在特制的刀杆上,再经刃磨而成。这种车刀结构简单、紧凑、刚性较好,使用灵活,和整体式车刀一样可以依使用要求随意进行刃磨。缺点是经过焊接和刃磨的刀片切削能力下降,且刀杆材料用量大,又不能重复使用。

（3）机夹式主刀。可以车削外圆、端面、内孔、切断、螺纹等,其优点是避免了焊接产生的应力、裂纹等缺陷,刀杆利用率高,刀片可集中刃磨以获得所需参数,使用灵活方便。

（4）可转位式车刀。用机械夹固的方式将可转位刀片固定在刀槽中而组成的车刀,避免了焊接刀的缺点,刀片可快速转位,生产率高,断屑稳定,可使用涂层刀片且耐用度高、刀片更换方便、迅速,并可使用多种材料刀片。其缺点是结构复杂、刃磨较难、使用不灵活、一次性投入较大。常用于大中型车床加工外圆、端面、内孔,特别适用数控机床。

5.3.2　车刀的组成及角度

各种车刀都由刀柄(也称刀杆)和刀体(也称刀头)两部分组成。刀头是车刀的切削部分,刀杆是车刀的夹持部分。车刀的切削部分是由"三面两刃一尖"组成,即一点二线三面,如图 5-3-3 所示。

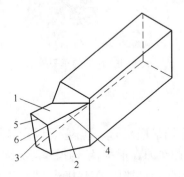

图 5-3-3　车刀的组成
1—前刀面;2—主后刀面;3—副后刀面;4—主切削刃;5—副切削刃;6—刀尖。

（1）前刀面。切削时,切屑流出所经过的表面。

（2）主后刀面。切削时,与工件加工表面相对的表面。

（3）副后刀面。切削时,与工件已加工表面相对的表面。

（4）主切削刃。前刀面与主后刀面的交线,它可以是直线或曲线,担负着主要的切削工作。

（5）副切削刃。前刀面与副后刀面的交线。一般只担负少量的切削工作,起修光工件的作用。

(6) 刀尖。主切削刃与副切削刃的相交部分。一般要磨成一小段过渡圆弧来提高刀尖强度和改善散热条件,如图 5-3-4 所示。

（a）切削刃的实际交点　　　（b）圆弧过渡刃　　　（c）直线过渡刃

图 5-3-4　刀尖的形状

为了正确度量车刀角度的数值,人们确定了 3 个作为度量基准的参考平面,即基面 P_r、主切削面 P_s、正交平面 P_o。基面是通过主切削刃上某一点并与该点切削速度方向垂直的平面;切削平面是通过主切削刃上某一点,与主切削刃相切,且垂直于该点基面的平面;正交平面(主剖面)是通过主切削刃上某一点并同时垂直于基面和切削平面的平面。这 3 个参考平面在空间是相互垂直的。假如外圆车刀的主刀刃为水平时,在度量刀具时所选的 3 个基准平面如图 5-3-5 所示。

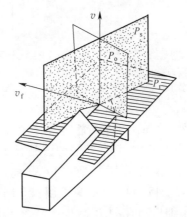

图 5-3-5　确定车刀角度的辅助平面

车刀的主要角度有前角 γ_0、后角 α_0、主偏角 κ_r、副偏角 κ_r' 和刃倾角 λ_s。

1. 前角 γ_0

在正交平面内测量的前刀面与基面之间的夹角称为前角,表示前刀面的倾斜程度。其作用是减小切削变形,前角增大可使刀刃锋利,切削力减小,便于切削,但前角过大会使刀刃的散热条件变差,刀刃强度降低。

前角可分为正角、负角和零角,前刀面在基面之下,则前角为正值,反之为负值,相重合为零。一般所说的前角是指正前角而言。图 5-3-6 所示为前角与后角的剖视图。

选择车刀的原则:用硬质合金车刀加工钢件(塑性材料),一般选取 $\gamma_0 = 10° \sim 20°$;加工灰口铸铁(脆性材料等),一般选取 $\gamma_0 = 5° \sim 15°$。精加工时可取较大的前角,粗加工时应取较小的前角。工件材料的强度和硬度大时切削有冲击前角取较小值,有时甚至取负值。

2. 后角 α_0

在正交平面内测量的切削平面与主后刀面之间的夹角称为后角,表示主后刀面的倾斜程度。后角的作用是减少主后刀面与工件之间的摩擦,并影响刃口的强度和锋利程度。

选择原则是后角可取 $\alpha = 6° \sim 8°$。加工塑性材料时后角可取大些,加工脆性材料时后角取小些;粗加工时选用较小值,精加工时选用较大值。

3. 主偏角 κ_r

在基面内测量,主切削刃与进给方向在基面上投影间的夹角称为主偏角,如图 5-3-7 所示。

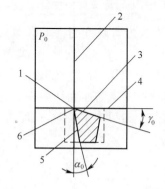

图 5-3-6   前角与后角的剖视图

1—刀刃上的选定点;2—主切削面;3—前面;

4—基面;5—主后面;6—刀尖。

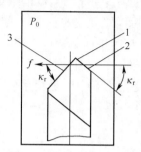

图 5-3-7   车刀在基面上的投影

1—刀刃上的选定点;2—副切削刃上的投影;

3—切削刃上的投影。

主偏角的作用是影响切削刃的工作长度、背向力、切削刃强度和切削刃的散热条件。如图 5-3-8'所示,在进给量 f 和吃刀深度 a_p 相同的情况下,减小主偏角,可改善切削刃的散热条件及增加刀尖强度。但主偏角减小,切削时工件的背向力增加,极易引起工件的振动和弯曲。车刀常用的主偏角有 45°、60°、75°、90° 几种,车削加工时要合理选用。工件粗大、刚性好时,可取较小值。车细长轴时,为了减少径向力而引起工件弯曲变形应选取较大值。

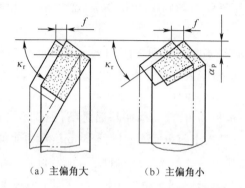

（a）主偏角大   （b）主偏角小

图 5-3-8   主偏角改变时对主刀刃的影响

4. 副偏角 κ_r'

在基面内测量,副切削刃与进给方向在基面上投影间的夹角称为副偏角,如图5-3-7所示。

副偏角的作用是减小副切削刃与工件已加工表面之间的摩擦,以改善工件表面的粗糙度,使加工表面光洁,如图5-3-9所示。一般取5°~15°,精车时可取5°~10°,粗车时取10°~15°。

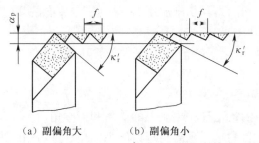

（a）副偏角大 （b）副偏角小

图5-3-9 副偏角对加工表面的表面粗糙度的影响

5. 刃倾角 λ_s

在切削平面内测量,主切削刃与基面间的夹角形成刃倾角。刀尖为切削刃最高点且为正值时,切屑对刀具的压力使刀头及刀口部分容易损坏,刀头强度较差;反之则表示刀头强度好,如图5-3-10所示。

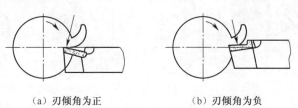

（a）刃倾角为正 （b）刃倾角为负

图5-3-10 刃倾角对刀头强度的影响

刃倾角的作用是控制切屑的流动方向和改变刀尖的强度。以刀杆底面为基准,当刀尖为主切削刃最高点且为正值时,切屑流向待加工表面,如图5-3-11（a）所示;当主切削刃与刀杆底面平行时,刃倾角为0°,切屑沿着垂直于主切削刃的方向流出,如图5-3-11（b）所示。当刀尖为主切削刃最低点时,刃倾角为负值,切屑流向已加工表面,如图5-3-11（c）所示。

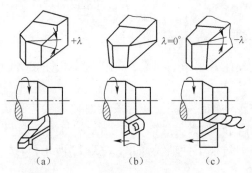

（a） （b） （c）

图5-3-11 刃倾角对切屑流向的影响

刃倾角一般在-4°~4°之间选择。粗加工时取负值,虽切屑流向已加工表面,但保证主切削刃的强度高。精加工时取正值,使切屑流向待加工表面,从而不会划伤已加工表面。

5.3.3　车刀的刃磨

刀在使用之前都要根据切削条件,选择合理切削角度进行刃磨,经过一段时间的使用,车刀会产生磨损,使切削力和切削温度增高,为恢复原有的几何形状和角度,也必须重新刃磨,使车刀保持锋利。

磨刀的砂轮有两种:氧化铝砂轮(白色)适合于刃磨高速钢车刀;碳化硅砂轮(绿色),适合于刃磨硬质合金车刀。

1. 磨刀方法和步骤(图5-3-12)。

(1)磨前刀面。目的是正确磨出车刀的前角和刃倾角(图5-3-12(a))。

(2)磨主后刀面。目的是正确磨出车刀的主偏角和主后角(图5-3-12(b))。

(3)磨副后刀面。目的是正确磨出车刀的负偏角和副后角(图5-3-12(c))。

(4)磨刀尖圆弧。在主切削刃与副切削刃之间磨刀尖圆弧,圆弧半径约0.5~2mm左右(图5-3-12(d)),以提高刀尖强度和改善散热条件。

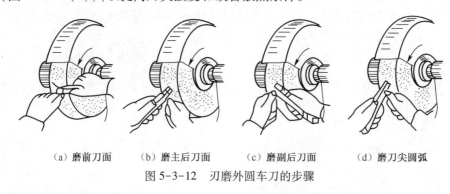

(a)磨前刀面　　(b)磨主后刀面　　(c)磨副后刀面　　(d)磨刀尖圆弧

图5-3-12　刃磨外圆车刀的步骤

2. 磨刀注意事项

(1)刃磨时,人应站在砂轮的侧前方,双手握稳车刀,用力要均匀,倾斜度要合适,要在砂轮的圆周中间部位刃磨,并将车刀左右移动着磨,否则会使砂轮产生凹槽。

(2)磨高速钢车刀时,要经常冷却,以免刀具失去硬度。磨硬质合金车刀时,不能把刀头放入水中,以免刀片突然受冷收缩而碎裂。可把刀柄置于水中冷却。

5.3.4　车刀的安装

车刀的安装对它的使用效果影响很大,车削前必须把选好的车刀正确安装在刀架上。安装车刀时应注意以下几点。

(1)车刀刀尖应与工件轴线等高。实际安装时使刀尖与顶尖等高即可。装得太高,使车刀实际后角减小,车削时加大主后面会与工件发生摩擦;装得太低,使车刀前角减小,不利于切削。为了使车刀对准工件轴线,如图5-3-13所示,可按床尾架顶尖的高低进行调整。

（2）车刀不能伸出太长。因刀伸得太长，切削起来容易发生振动，使车出来的工件表面粗糙甚至会把车刀折断。但也不宜伸出太短，太短会使车削不方便，容易发生刀架与卡盘碰撞。一般伸出长度不超过刀杆高度的1.5倍。

（3）每把车刀安装在刀架上时，一般会低于工件轴线，因此可用一些厚薄不同的垫片来调整车刀的高低，将刀的高低位置调整合适。垫片必须平整，其宽度应与刀杆一样，长度应与刀杆被夹持部分一样，同时应尽可能用少数垫片来代替多数薄垫片的使用，垫片用得过多会造成车刀在车削时接触刚度变差而影响加工质量。

（4）车刀刀杆应与车床主轴轴线垂直。

（5）车刀位置装正后，应交替拧紧刀架螺钉。

图5-3-14所示为车刀的不正确安装。

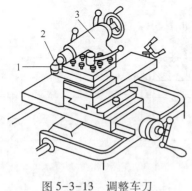 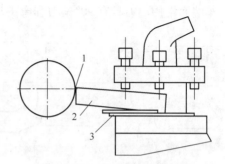

图5-3-13　调整车刀　　　　图5-3-14　车刀的不正确安装
1—车刀；2—顶尖；3—尾座。　　　1—刀尖与工件不等高；2—刀杆伸出过长；3—垫片不平整。

5.4　车削基本操作

5.4.1　车外圆

车外圆是最基本、最常见的操作方法。车外圆时，车刀纵向进给，外圆是许多机器零件最重要的构成表面，几乎绝大部分的工件都少不了车外圆这道工序。常见的方法如图5-4-1所示。

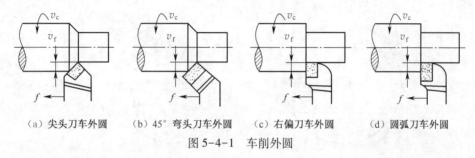

（a）尖头刀车外圆　　（b）45°弯头刀车外圆　　（c）右偏刀车外圆　　（d）圆弧刀车外圆
图5-4-1　车削外圆

尖头车刀主要用来车外圆，因这种车刀强度较好，常用于粗车外圆和车没有台阶或台阶不大的外圆。用45°弯头车刀和90°偏刀(主要是右偏刀)除可以车端面外,普遍用于外圆的车削。

车外圆的步骤如下:安装好工件和车刀;选择合理的切削用量,根据所选的转速和进给量调整手柄;对刀并调整背吃刀量,开车使工件旋转,转动横向进给手柄,使车刀与工件表面轻微接触,完成对刀;试切,调整背吃刀量;试切好后记住刻度,作为下一次调整背吃刀量的起点,纵向自动走刀,车出全程。车到所需长度时停止自动进给,然后转动中滑板刻度手柄退出车刀,再停车。

5.4.2 车端面

车端面是各种车削工作的首要步骤,因为零件的端面常是轴向尺寸的测量基准与安装时的定位基准,它必须与工件轴线保持垂直。

车端面常用的刀具有90°偏刀和弯头车刀两种,如图5-4-2(a)所示。

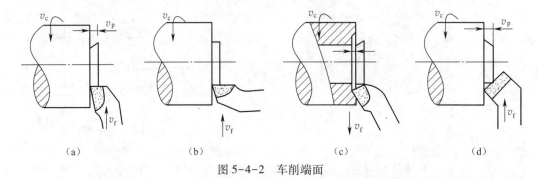

| （a） | （b） | （c） | （d） |

图 5-4-2　车削端面

用右偏刀车端面时,可从外向中心进给,这是利用副刀刃进行切削的,故切削不顺利,表面粗糙,车削到靠近中心时,车刀容易崩刃;用左偏刀由外向中心车端面(图5-4-2(b)),利用主切削刃切削,切削条件有所改善;用右偏刀由中心向外进给(图5-4-2(c)),通常用于端面的精加工,或有孔端面的车削,车削出的端面表面粗糙度较低。用弯头刀车端面,如图5-4-2(d))所示。车削时,由外向中心进给。因为是以主切削刃进行切削,所以很顺利,如果再提高转速也可车出粗糙度较低的表面。

车端面时,车刀刀尖应和工件回转轴线等高;否则会在端面留下凸台,而且会出现打刀现象,如图5-4-3所示。

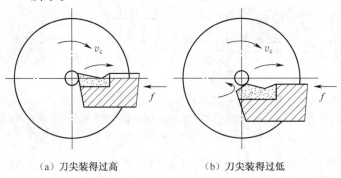

（a）刀尖装得过高　　　　　　（b）刀尖装得过低

图 5-4-3　车削端面时出现凸台现象

5.4.3 车台阶

台阶是指轴、套类零件相邻两直径不同圆柱面的接合处,多为直角台阶。台阶高度小于 5mm 者,称为低台阶。车低台阶时,用角尺对刀或以车好的端面来对刀,使主切削刃和端面贴平,车刀的主切削刃垂直于工件的轴线,然后用偏刀一次走刀来车出外圆,如图 5-4-4 所示。

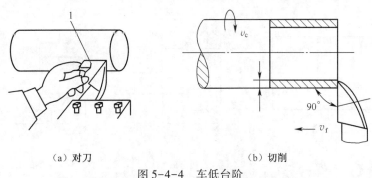

（a）对刀 （b）切削

图 5-4-4 车低台阶
1—角尺。

台阶高度大于 5mm 者,称为高台阶。车高台阶时,因肩部过宽,车削时会引起振动,应分层进行车削。因此,车高台阶工件的可先用外圆车刀把台阶车成大致形状,然后将偏刀的主切削刃装得与工件端面成 5°左右的角度,分层进行切削,如图 5-4-5 所示,但最后一刀必须用横走刀(横向退出)完成;否则会使车出的台阶偏斜。

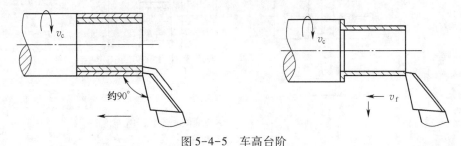

图 5-4-5 车高台阶

为使台阶长度符合要求,用钢尺确定台阶长度。车削时,先用刀尖预先刻出线痕,以此作为加工界限。这种方法所定台阶长度一般要比要求的长度略短,以便留出余地,便于最后精车,如图 5-4-6 所示,台阶的准确长度常用深度游标卡尺量出,如图 5-4-7 所示。

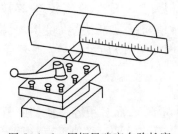

图 5-4-6 用钢尺确定台阶长度

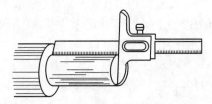

图 5-4-7 用深度游标卡尺确定台阶长度

5.4.4 切槽和切断

1. 切槽

在工件表面切出沟槽的方法称为切槽,所用刀具是切槽刀。安装切槽刀时,刀尖与工件轴线等高,主切削刃与工件轴线平行。

车床上可以切外槽、内槽与端面槽,如图 5-4-8 所示。

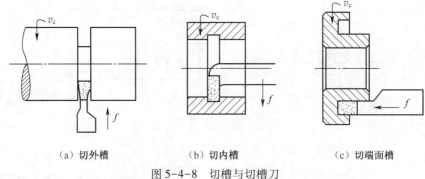

（a）切外槽　　　　　　　（b）切内槽　　　　　　　（c）切端面槽

图 5-4-8　切槽与切槽刀

切槽时切削刀的刀头宽度较小,对于小于 5mm 的槽,可以用切槽刀一次切出;大于 5mm 的槽称为宽槽,可分多次切削,如图 5-4-9 所示。当工件上有几个槽时,槽的宽度要尽量一致,以减少换刀次数。

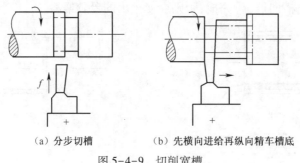

（a）分步切槽　　　　　　　（b）先横向进给再纵向精车槽底

图 5-4-9　切削宽槽

2. 切断

在车削加工中,经常需要把太长的原材料切成一段一段的毛坯,然后再进行加工,这种加工方法称为切断。

切断要用切断刀。切断刀的形状与切槽刀相似,但刀头窄而长,强度较差,易被折断。由于切断刀要伸到工件中心,排屑和散热条件较差,常将切断刀的刀头高度增加,将主切削刃两边磨出斜刃,以利于排屑和散热,减少摩擦,如图 5-4-10 所示。

切断操作时要注意以下问题。

（1）正确安装切断刀。

刀尖必须与工件轴线等高,否则不仅不能把工件切下来,而且很容易使切断刀折断,切断刀必须与工件轴线垂直,如图 5-4-11 所示。切断刀的底平面必须平直;否则会引起副后角的变化,在切断时切刀的某一副后刀面会与工件强烈摩擦。

（2）装夹工件时,要使切断部位尽可能靠近卡盘,探出太长时会发生振动。

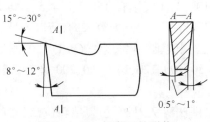

图 5-4-10 切断刀的形状

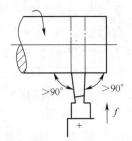

图 5-4-11 切断刀与工件轴线垂直

（3）切断刀很容易折断,应采用较低的切削速度、较小的进给量。

（4）主轴轴承与刀架各滑动部位间隙要调整合适,间隙过大切断时也会振动。

（5）切断时还应充分使用冷却液,使排屑顺利。快切断时还必须放慢进给速度。

5.4.5 车圆锥面

在众多的机械零件中,配合表面除了采用圆柱体和圆柱孔外,还广泛采用圆锥体和圆锥孔。例如,车床主轴锥孔和尾架套筒锥孔,是为了安装顶尖、钻头、铰刀等。用圆锥面作为配合表面配合紧密、定位准确、装卸方便,并且即使发生磨损,仍能保持精密地定心和配合作用。

圆锥面有外圆锥面和内圆锥面,通常把前者称为圆锥体,后者称为圆锥孔。图 5-4-12 所示为圆锥主要尺寸。其中:D 为圆锥体大端直径;d 为圆锥体小端直径;L 为锥体部分长度;α 为圆锥斜角;2α 为圆锥角。4 个基本参数 (D,d,L,α) 中,知道任意 3 个,可求出第四个。

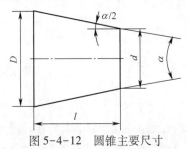

图 5-4-12 圆锥主要尺寸

圆锥大端直径为

$$D = d + 2L\tan\alpha$$

圆锥体小端直径为

$$d = D - 2L\tan\alpha$$

锥度为

$$C = 2\tan\alpha = D - \frac{d}{L}$$

斜度为

$$M = D - \frac{d}{2}L = \tan\alpha = \frac{C}{2}$$

式中:C 为锥度;M 为斜度。

常用标准圆锥:常用的标准圆锥有两种。一种是莫氏圆锥,目前应用很广泛,如车床主轴和尾座套筒锥度,钻头等的锥柄度采用莫氏圆锥,莫氏圆锥有 0、1、2、3、4、5、6 共 7 个号。号数越大,锥体的基本参数也越大。由于莫氏圆锥是从英制换算来的,所以各号的圆锥斜角都不相同,尺寸也都是带小数的;另一种是公制圆锥,其锥度是 $C=1:20$,圆锥斜角是 $\alpha=1°25'56''$,公制圆锥有 8 个号,分别是 4、6、80、100、120、140、160、200,均为圆锥大端直径。

圆锥面的车削方法有很多种,常用的圆锥面车削法有宽刀法、小刀架转位法、尾座偏移法、靠模法 4 种,其中最常用的是小刀架转位法车锥面。

1. 小刀架转位法

如图 5-4-13 所示,根据零件的锥角 α,松开转盘紧固螺母,车床上小刀架转动的角度就是 $\alpha/2$,转动小滑板手柄开始车削,使车刀沿着锥面母线移动,即可车出所需的圆锥面。车削长度较短和锥度较大的圆锥体和圆锥孔时常采用这种方法。这种方法的优点是调整方便,操作简单,能加工任意角度的内外锥面。缺点是受小刀架行程的限制,只能加工较短的圆锥工件,并且不能自动进给,表面粗糙度不好掌握。

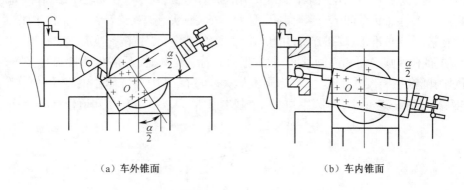

（a）车外锥面　　　　　　　　　　　（b）车内锥面

图 5-4-13　小刀架转位法车内外锥面

2. 尾座偏移法

把尾座顶尖偏移一个距离 s,使工件旋转轴线与机床主轴轴线的夹角等于工件圆锥斜角 $\alpha/2$,当刀架自动或手动纵向进给时,即可车出所需的锥面,如图 5-4-14 所示。

该方法只能用来加工轴类零件的锥面。优点是能车削较长的圆锥面,可自动进给。缺点是不能车锥度较大的工件,一般是圆锥半角小于 8° 的外锥面,车削后表面粗糙度较低。

尾座偏移距离 s,可由下面公式计算,即

$$s=LX\sin\alpha/2$$

式中:L 为工件长度;$a/2$ 为锥体半锥角。

当 α 较小时,$\sin\alpha=\tan\alpha$,此时 $s=L\tan\alpha/2$,其中 L 为锥体长度。

3. 靠模法

如图 5-4-15 所示,靠模装置固定在床身后面,靠模板可相对于底座扳动一定角度,

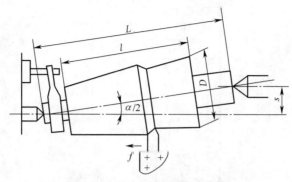

图 5-4-14 尾座偏移法车锥面

滑块可在靠模板导轨上自由滑动,并通过连接板与车床的中滑板连接,将刀架中滑板螺母与横向丝杠脱开,当大滑板做纵向进给时,滑块在靠模板上沿斜面移动,带动车刀做平行于靠模板的斜面移动,即可车出各角度的锥面,靠模法适宜加工成批或大批量生产中长度较大、圆锥半角 $\alpha/2<12°$ 的内外锥度。

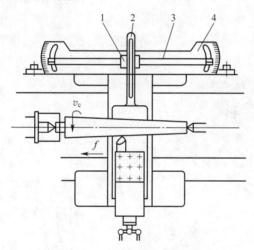

图 5-4-15 靠模法车锥面
1—滑块;2—连接板;3—靠模板;4—底座。

4. 宽刀法

宽刀法也称成形刀法,如图 5-4-16 所示。宽刀刀刃必须平直,且与工件轴线夹角等于圆锥半角 $\alpha/2$,横向进刀,即可车出所需的锥面。这种方法加工简单,效率高。但只适宜加工较短的内外锥面,并要求工艺系统刚性较好,车床的转速应选择得较低;否则容易引起振动。

5.4.6 车成形面

以曲线为母线,绕直线旋转所形成的表面叫回转成形面。根据零件成形表面的要求及批量大小,可以采用不同的车削方法,主要有双手控制法、成形刀法和靠模法等车削方法。

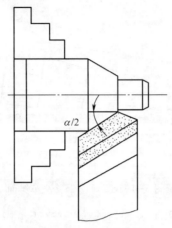

图 5-4-16　宽刀法车锥面

1. 双手控制法

车削时,两手配合,同时操作横向和纵向进给手柄,使车刀做合成运动的轨迹与工件母线相符,如图 5-4-17 所示。在操作时,左右摇动手柄要熟练,配合要协调。车削前最好先做个样板,以照样板的图样来进行车削和修改,如图 5-4-18 所示。这种方法一般使用圆弧车刀。

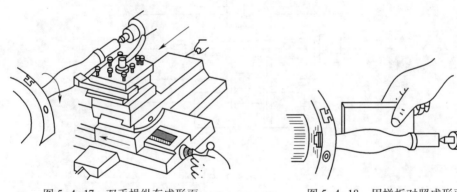

图 5-4-17　双手操纵车成形面　　　　图 5-4-18　用样板对照成形面

双手操纵法不需要其他附加刀具和设备,简单易行,但生产率也很低,而且不易将工件车得很光整,需要较高的操作技术,故适用于单件小批量生产且要求不高的零件。

2. 成形刀法

如图 5-4-19 所示,这种方法是使用刀刃形状与工件表面的形状相一致的成形刀具车成形面。在车削时,车刀只做横向进给。

这种方法操作简单,生产效率高,且能获得精确的表面形状,但工件形状不能太复杂且尺寸不可过宽,且刀具制造、刃磨较困难,故适用于大批量生产较短成形面的零件。并且由于车刀和工件接触面积大,容易引起振动,因此需要采用小切削量,且要有良好润滑条件。有时车成形面也可先用尖刀按成形面的形状粗车一些台阶,然后再使用成形车刀精车成形面。

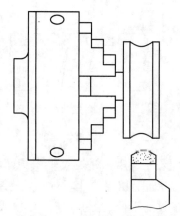

图 5-4-19　用成形车刀车成形面

3. 靠模法

如图 5-4-20 所示,车削成形面的原理和靠模车削圆锥面类似,只是靠模形状由直线变为与成形面相应的曲线。车削工件 1 时只要把滑板换成滚柱 4,把锥度靠模板换成带有所需曲线的靠模槽 2。刀架中滑板螺母与横向丝杠脱开,通过连接板 2 与靠模连接,当大拖板纵向走刀时,滚柱在曲线的靠模槽内滑动,从而使车刀刀尖也随着做曲线运动,即可车出所需的成形面。这种方法可以自动走刀,生产率较高,适用于成批或大量生产。

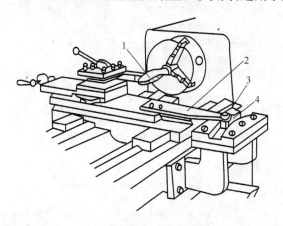

图 5-4-20　用靠板车成形面

1—工件;2—连接板;3—靠模槽;4—滚柱。

5.4.7　车螺纹

零件中螺纹的应用很广泛,螺纹的加工方法很多,车螺纹是常用的基本方法之一。将工件表面车削成螺纹的方法称为车螺纹。螺纹的分类方法很多,其中按牙型分有三角螺纹、方牙螺纹和梯形螺纹(图 5-4-21),三角螺纹做连接和紧固用,方牙螺纹和梯形螺纹做传动用,其中普通公制三角螺纹应用最广,称为普通螺纹。

螺纹各部分的符号如图 5-4-22 所示。

决定螺纹形状尺寸的牙型角、公称直径和螺距 3 个基本要素称为螺纹三要素。普通

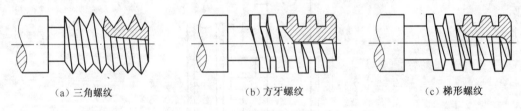

（a）三角螺纹　　　　　　　（b）方牙螺纹　　　　　　　（c）梯形螺纹

图 5-4-21　螺纹的种类

螺纹的代号为 M；牙型为三角形，牙型角 α 是螺纹轴向剖面内螺纹两侧面的夹角，牙型角为 $\alpha = 60°$；螺距为 P，是沿轴线方向上相邻两牙间对应点的距离；用 Dd 代表内螺纹的公称直径，用 D_1、d_1 表示为内、外螺纹的小径，指与内螺纹牙顶或外螺纹牙底相重合的假想圆柱面直径，用 D_2、d_2 表示内、外螺纹中径，是一假想圆柱面的直径，在此圆柱面上螺纹牙厚与牙槽宽度相等；H 为原始三角形高度。它们之间的关系有

$$D = d \quad d_1 = D_1 = d - 1.08P$$

$$d_2 = D_2 = d - 0.65P$$

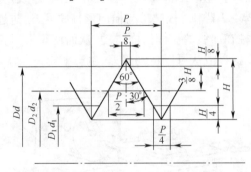

图 5-4-22　普通公制三角螺纹的牙型

现介绍三角形螺纹的车削。

1. 螺纹车刀的角度和安装

螺纹车刀是一种成形刀具，有整体式高速车刀和弹性刀杆高速车刀，如图 5-4-23 所示。

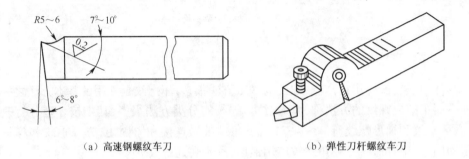

（a）高速钢螺纹车刀　　　　　　　　（b）弹性刀杆螺纹车刀

图 5-4-23　螺纹车刀

螺纹的牙型角 α 要靠螺纹车刀的刀尖角与正确安装来保证。公制三角螺纹的牙型角为 60°，其车刀的刀尖角也应磨成 60°。螺纹车刀的前角对牙型角影响较大，一般为 7°~10°。精度要求较高的螺纹，常取前角为零度。粗车螺纹时，为改善切削条件，可刃磨 5°~15° 正前角的螺纹车刀。

螺纹车刀安装时，刀尖必须与工件轴线等高，否则会影响螺纹的截面形状，并且刀尖的平分线要与工件轴线垂直。如果车刀装得左右歪斜，车出来的牙形就会偏左或偏右。为使螺纹牙形正确，刀尖角的等分线一定要装得与工件轴线垂直，为保证这一点，装刀时要使用样板对刀，如图 5-4-24 所示，检查时，样板应水平放置并与刀尖的基面在同一平面内，用透光法检验刀尖角。

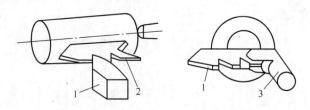

图 5-4-24 用对刀样板对刀
1—外螺纹车刀；2—对刀样板；3—内螺纹车刀。

2. 螺纹的车削方法

首先把工件的螺纹外圆直径按要求车好（比规定要求应小 0.1~00.2mm），然后在螺纹的长度上车一条标记，作为退刀标记，并将端面处倒角，装夹好螺纹车刀。其次调整好车床，以保证螺距 P，为了在车床上车出螺纹，必须使车刀在主轴每转一周得到一个等于螺距大小（单线螺纹）或导程（多线螺纹，导程=螺距×线数）的纵向移动量，车螺纹时刀架是用开合螺母通过丝杆来带动的，只要选用不同的配换齿轮或改变进给箱手柄位置，即可改变丝杆的转速，从而车出不同螺距的螺纹。一般车床都有完善的进给箱和挂轮箱，车削标准螺纹时，可以从车床的螺距指示牌中找出进给箱各操纵手柄应放的位置进行调整。车床调整好后，选择较低的主轴转速，开动车床，合上开合螺母，开正反车数次后，检查丝杆与开合螺母的工作状态是否正常，为使刀具移动较平稳，需消除车床各拖板间隙及丝杆螺母的间隙。

车外螺纹操作步骤如图 5-4-25 所示。

（1）开车，使车刀与工件轻微接触，记下刻度盘读数，向右退出车刀，以便于进刀计数，如图 5-4-25(a) 所示。

（2）合上开合螺母，在工件表面上车出一条螺旋线，到螺纹终止线横向退出车刀，停车，如图 5-4-25(b) 所示。

（3）开反车使车刀退到工件右端，停车，用钢直尺检查螺距是否正确，如图 5-4-25(c) 所示。

（4）利用刻度盘调整切削深度（背吃刀量），开车切削，如图 5-4-25(d) 所示，螺纹的背吃刀量 a_p 与螺距的关系按经验公式 $a_p = 0.65P$ 取值，每次的背吃刀量约为 0.1mm。

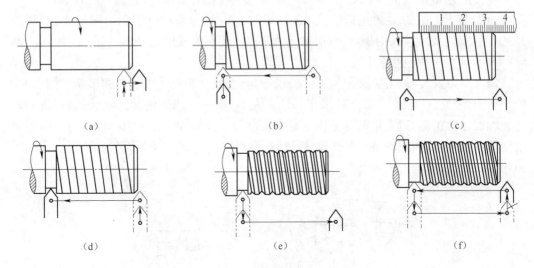

图 5-4-25　车外螺纹作操作步骤

（5）车刀将到行程终点时，先快速退出车刀，开反车返回刀架，如图 5-4-25（e）所示。

（6）再次横向切入，继续切削，其切削过程的路线如图 5-4-25（f）所示。

车螺纹时，要避免"乱扣"。螺纹槽是经过车刀多次进刀和走刀完成的，每个切削形成刀尖均应在同一螺旋槽内，如若刀尖向左或向右偏移前一次走刀车出的螺旋槽，而把螺纹车乱称为"乱扣"。"乱扣"发生，车刀常被打坏，使工件报废。

预防乱扣的方法是采用倒顺（正反）车法车削。在用左右切削法车削螺纹时，小拖板移动距离不要过大，若车削途中刀具损坏需重新换刀或者无意提起开合螺母时，应注意及时对刀。

5.4.8　孔加工

在车床上可以进行钻孔、扩孔、铰孔和镗孔。

1. 钻孔、扩孔和铰孔

在车床上进行孔加工时，若工件上无孔，需要先用钻头钻出孔来，在实体材料上加工出孔的工序叫做钻孔，如图 5-4-26 所示。

钻孔时，钻头是装在尾架套筒锥孔内，工件装夹在卡盘上，摇动尾架手轮使其进给，工件转动起来即可钻孔。钻孔前要先车平端面，特别是中心处不能留有凸台，并定出一个中心凹坑，调整好尾架位置并紧固于床身上，然后开动车床，摇动尾架手柄使钻头慢慢进给。注意经常退出钻头，排出切屑并冷却。钻孔进给不能过猛，以免折断钻头。孔钻通或够深度时，应先摇出钻头后再停车。钻孔的精度较低、表面粗糙，多用于对孔的粗加工。

直径较大的孔（30mm 以上），不能用大钻头直接钻削，可先钻出小孔，再用大钻头扩孔。扩孔的精度比钻孔高，可作为孔的半精加工，扩孔操作与钻孔操作相似。

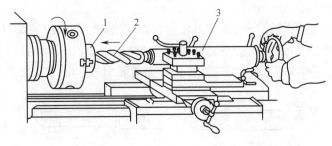

图 5-4-26　在车床上钻孔
1—工件；2—钻头；3—尾座。

2. 镗孔

镗孔是用镗刀对已经铸出、锻出、钻出的孔进行扩大再加工，如图 5-4-27 所示。车床上镗孔是常用的孔加工方法之一，它可以纠正原孔轴线的偏移，提高孔的精度和降低表面粗糙度。图 5-4-27(a)所示为镗通孔，图 5-4-27(b)所示为镗盲孔，图 5-4-27(c)所示为切内槽。

镗孔是在工件内表面进行加工，运动与车外圆类似，但在车床上镗孔要比车外圆困难，加冷却液润滑也不如车外圆方便，更重要的是因镗杆直径比外圆车刀细得多，而且伸出很长，因此往往因刀杆刚性不足而引起振动，所以切深和进给量都要比车外圆时小些，切削速度也要小。解决好镗刀的刚性和排屑是保证镗孔质量的关键技术。

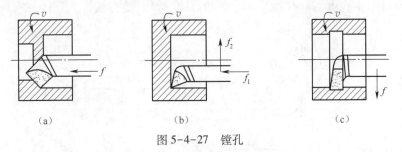

图 5-4-27　镗孔

为了提高镗刀的刚性，镗孔刀尽可能选择粗壮的刀杆，刀杆装在刀架上时伸出的长度只要略等于孔的深度即可，这样可减少因刀杆太细而引起的振动。装夹刀具时，刀杆中心线必须与进给方向平行，刀尖应对准中心，精镗或镗小孔时可略微装高一些。粗镗和精镗时，应采用试切法调整切深。为了防止因刀杆细长而受力变形造成的车削锥度。当孔径接近最后尺寸时，应用很小的切深重复镗削几次，消除锥度。

解决排屑问题，主要是控制好切屑的流向。镗通孔时，磨出正刃倾角，让切屑向前流，从前口排出。镗盲孔时，磨出负刃倾角，使切削从孔口排出。此外还要有段屑措施，而且要合理选择切削用量。另外，在镗孔时一定要注意，手柄转动方向与车外圆时相反。

5.4.9　滚花

一些工具的把手或零件的捏手部分，为了便于握持和外形美观，往往在工件表面上滚出各种不同的花纹，这种工艺叫滚花。这些花纹一般是在车床上用滚花刀挤压工件表面，使其产生塑性变形而形成花纹。

花纹一般有直纹和网纹两种,滚花刀相应有直纹滚花刀和网纹浪花刀两种,每种又分为粗纹、中纹和细纹。按滚花轮的数量又可分为单轮(滚直纹)、双轮(滚网纹,两轮分别为左旋和右旋斜纹)和六轮(由 3 组粗细不等的斜纹轮组成)滚花刀,如图 5-4-28 所示。

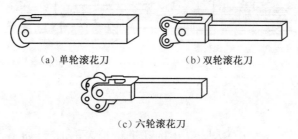

（a）单轮滚花刀　　　　（b）双轮滚花刀

（c）六轮滚花刀

图 5-4-28　滚花刀的结构

滚花的方法如图 5-4-29 所示。滚花时,先将工件直径车到比需要的尺寸略小 0.5mm 左右,表面粗糙度较大。车床转速要低(一般为 70~100r/min)。然后将滚花刀装在刀架上,使滚花刀轮的表面与工件表面平行接触,滚花刀对着工件轴线,开动车床,使工件转动。由于滚花时挤压力很大,工件和刀具一定要装夹牢固,滚花刀表面与工件表面平行或稍向前倾,滚花时进刀要快,用较大压力使工件被挤压出较深的花纹,节距小者一次滚压完成,大节距者可分两次走刀,使花纹清晰凸出。滚花工件外径周长应为滚花刀节距的整数倍且略车小一点,低速走刀,充分润滑,认真操作,防止纹乱。

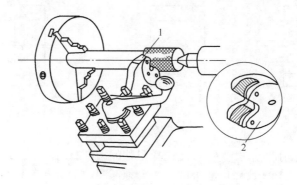

图 5-4-29　在车床上滚花
1—网纹滚花;2—直纹滚花刀。

第6章
铣 削 加 工

6.1 概 述

铣削是在铣床上用铣刀对工件进行切削加工的过程,它是机械加工中最常用的加工方法之一。主要用于加工平面、沟槽(键槽、T形槽、V形槽、燕尾槽、螺旋槽等)、成形面、齿轮及切断,也可进行钻孔、铰孔和镗孔。适宜在铣床上加工的零件如图6-1-1所示。

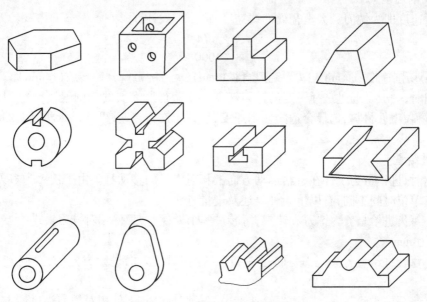

图6-1-1 铣床加工零件举例

6.1.1 铣削特点

进行切削加工时,由于铣刀是多刃刀具,多个刀刃可同时进行切削,而每个刀刃不需要连续进行切削,因此铣刀的散热性较好,切削速度较高。切削加工时,铣刀刀刃不断切入和切出,切削力不断变化,因此,铣削时会产生冲击和振动,对加工精度有一定的影响,

119

主要用于粗加工和半精加工,也可以用于精加工。

铣削加工精度可达 IT9 ~IT7 级,表面粗糙度 $Ra=6.3$ ~$1.6\mu m$。

6.1.2　铣削用量

铣削时,主运动为铣刀的高速旋转运动,进给运动为工件的缓慢直线运动。进给运动可分为横向、纵向和垂直方向的进给运动。铣削运动和铣削用量如图 6-1-2 所示。

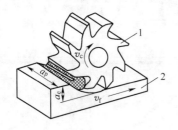 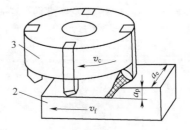

（a）卧铣铣平面的铣削运动　　　　（b）立铣铣平面的铣削运动

图 6-1-2　铣削运动和铣削用量

1—圆柱铣刀;2—工件;3—端面铣刀。

铣削用量是由铣削速度 v_c、进给量 f、铣削深度 a_p 和铣削宽度 a_e 组成。

1. 铣削速度 v_c

铣削速度即为铣刀最大直径处的线速度,可由下式计算,即

$$v_c = \frac{\pi d n}{1000}$$

式中:v_c 为切削速度(m/min);d 为铣刀直径(mm);n 为铣刀每分钟转数(r/min)。

铣削时,一般是通过选择一定的铣刀转度 n 来获得所需要的铣削速度 v_c。生产中根据刀具材料、工件材料、选择合适的切削速度,计算出铣刀转速,再从机床所具有的转速中选择。

2. 进给量 f

铣削时,进给量为工件在进给运动方向上相对刀具的移动量。由于铣刀为多刃刀具,计算时按单位时间不同,有以下 3 种表述及度量方法。

（1）每齿进给量 f_z。铣刀旋转中,每转过一个刀齿时,工件相对铣刀沿进给方向的位移,单位为 mm/z。

（2）每转进给量 f_n。铣刀每转过一转,工件相对铣刀沿进给方向的位移,其单位为 mm/r。

（3）每分钟进给量 v_f。又称进给速度,每分钟时间内,工件相对铣刀沿进给方向的位移,其单位为 mm/min。

上述三者的关系为

$$v_f = f_n = f_z Z n$$

式中:Z 为铣刀齿数;n 为铣刀每分钟转速(r/min)。

3. 铣削深度 a_p

铣削深度直接影响主切削刃参加工作的长度,是指平行于铣刀轴线方向测量的切削

层尺寸,单位为 mm。因周铣与端铣时相对于工件的方位不同,故铣削深度的表示也有所不同。

4. 铣削宽度 a_e

铣削宽度是垂直于铣刀轴线方向测量的切削层尺寸,单位为 mm。

由于铣刀是多刃刀具,一般情况下可有多个刀刃同时参加切削,且没有空行程,并且具有较高的切削速度,因而铣削生产效率比刨削高得多。

6.2 铣 床

铣床的种类很多,常见的有立式铣床、卧式铣床、龙门铣床、工具铣床和专用铣床等。最为常用的是卧式铣床和立式铣床,主要用于单件、小批量生产中加工尺寸不太大的工件,两者区别在于前者主轴竖直放置,后者主轴水平放置。

下面以编号为 X5032、X6032 的铣床为例,具体说明铣床编号的含义,如表 6-2-1 所列。

表 6-2-1 铣床编号表

类		组		系		主参数	
代号	名称	代号	名称	代号	名称	折算系数(1/10)	名称
X	铣床	5	立式升降台铣床	0	立式升降台铣床型	320mm	工作台面宽度
		6	卧式升降台铣床	0	卧式升降台铣床型	320mm	工作台面宽度

6.2.1 卧式铣床

1. X6032 卧式铣床的组成及作用

X6032 为卧式升降台铣床,其特点是主轴是水平放置的,外形如图 6-2-1 所示。

卧式升降台铣床主要由床身、悬梁、主轴、工作台、升降台、底座组成。各组成部分的作用如下。

(1)床身。床身呈箱体形,是用来固定和支撑铣床上所有部件,铣床的动力机构、主轴变速机构、润滑系统和主轴等都安装在床身内部。它的后面装有主电动机,床身上部有水平导轨。

(2)横梁。安装在床身的上面,其前端装有吊架,用来支撑刀杆,增强刀杆的刚性。横梁可根据工作要求沿床身的水平导轨移动,以调整其伸出长度。

(3)主轴。通过刀杆带动铣刀旋转。主轴是一根空心轴,前端有 7:24 的精密锥孔,用来安装铣刀刀杆。

(4)纵向工作台。用来安装工件或夹具,位于转台的水平导轨上,由丝杠带动做纵向移动,使工件实现纵向进给。

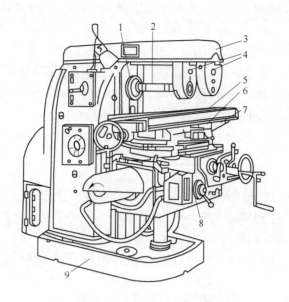

图 6-2-1 卧式升降台铣床
1—主轴;2—刀杆;3—横梁;4—吊架;5—纵向工作台;
6—转台;7—横向工作台;8—升降台;9—底座。

（5）横向工作台。横向工作台位于升降台的水平导轨上,可带动纵向工作台一起做横向进给。

（6）转台。它的上面有水平导轨,供工作台实现纵向进给。下面与横向工作台用螺钉连接,并可随其移动。松开螺钉,转台可将纵向工作台在水平面内正、反向均可扳转0°~45°,具有转台的卧式铣床称为卧式万能铣床。

（7）升降工作台。可沿床身的垂直导轨上下移动,以调整工件到铣刀的距离,实现垂直进给,确定加工深度。

（8）底座。底座用于支撑床身和升降台,内装切削液,起稳固作用。

2. 加工范围

卧式升降台铣床适用于单件、小批量或成批生产,可铣削平面、台阶面、沟槽、切断等,配备附件可铣削齿条、齿轮、花键等工件。

6.2.2 立式铣床

1. X5032 立式铣床的组成

X5032 为立式升降台铣床。与卧式铣床的主要区别是主轴垂直于工作台面放置。外形如图 6-2-2 所示,主要由床身、立铣头、主轴、工作台、升降台、底座组成。

根据铣头与床身连接形式,可分为整体式立式铣床和回转式立式铣床。整体式立式铣床,铣头与床身连成整体,刚性好,可采用较大的切削用量。回转式立式铣床,铣头与床身分成两部分,中间靠转盘相连,可根据加工需要,将铣头主轴与工作台台面偏转一定的角度,以便加工斜面等。

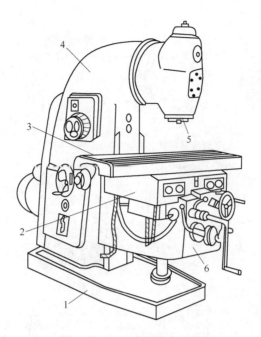

图 6-2-2　立式升降台铣床

1—底座；2—横向工作台；3—纵向工作台；4—床身；5—主轴；6—升降台。

2. 加工范围

立式铣床是一种生产效率比较高的机床,既适用于单件、小批量生产,也适用于成批生产,主要用于加工平面、台阶面、沟槽等配备附件,可铣削齿条、齿轮、花键、圆弧面、圆弧槽、螺旋槽等,还可进行钻削展削加工。此外,立式铣床操作时,调整和观察铣刀的位置也比较方便,还可安装硬质合金端铣刀进行高速铣削,故应用广泛。

6.3　铣　刀

铣刀是一种多刃刀具,铣刀种类很多,应用范围广泛,按照铣刀的安装方式不同,可分为带孔铣刀和带柄铣刀。常见的各种铣刀如图 6-3-1 所示。

6.3.1　带孔铣刀及其安装

1. 带孔铣刀的分类

带孔铣刀一般多用于卧式铣床,它一般是用刀杆安装。带孔铣刀按外形主要分为以下几种。

（1）圆柱铣刀。用于铣削中、小平面。

（2）三面刃铣刀。主要用于加工不同宽度的沟槽、小平面、台阶面及侧面。

（3）锯片铣刀。由于侧面没有刀刃,主要用于铣削窄槽、切断和分割工件。

（4）圆盘铣刀。用于加工直沟槽。

（5）角度铣刀。用于加工各种角度的沟槽。

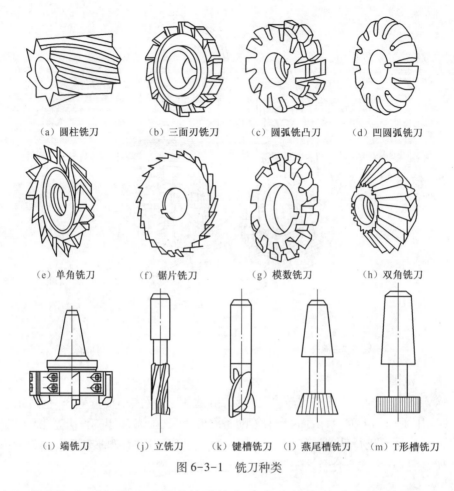

（a）圆柱铣刀	（b）三面刃铣刀	（c）圆弧铣凸刀	（d）凹圆弧铣刀

（e）单角铣刀	（f）锯片铣刀	（g）模数铣刀	（h）双角铣刀

（i）端铣刀	（j）立铣刀	（k）键槽铣刀	（l）燕尾槽铣刀	（m）T形槽铣刀

图 6-3-1　铣刀种类

（6）成形铣刀。用于加工有特殊外形的表面,如齿轮轮齿、角度槽、外圆和凸、凹圆弧表面。

2. 带孔铣刀的安装

在卧式铣床上,带孔铣刀常用刀杆来安装,如图 6-3-2 所示。将刀具安装在刀杆上,刀杆的一端为锥体,装入铣床前端的主轴锥孔内,通过套筒将铣刀定位,然后将刀杆的锥体装入机床主轴锥孔,用螺纹拉杆将刀杆在主轴上拉紧,使之与主轴锥孔紧密配合。刀杆的另一端装入铣床的吊架孔中。主轴的动力通过锥面和前端的键传递,带动刀杆旋转。刀杆的直径一般有 16、22、27、32、40 等规格。

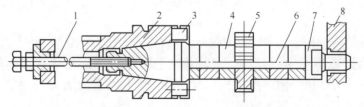

图 6-3-2　带孔铣刀的安装

1—拉杆;2—主轴;3—端面键;4—套筒;5—铣刀;6—刀杆;7—螺母;8—吊架。

124

用刀杆安装带孔铣刀时,铣刀应尽量靠近主轴或吊架,以减少刀杆的变形,提高加工精度;套筒的端面和铣刀的端面必须干净,以减少铣刀的端面跳动;拧紧刀杆的压紧螺母时,必须先装上吊架,以防止刀杆受力弯曲。

图6-3-3所示为安装圆柱铣刀的步骤。

（1）刀杆上先套上几个垫圈3,在刀杆的键槽重装入键1,然后套上铣刀2,如图6-7（a）所示。

（2）在铣刀的外侧刀杆上再套上几个垫圈后,拧上螺母4(左旋),如图6-7（b）所示。

（3）在铣床上装上吊架6,拧紧支架紧固螺钉5,如图6-7（c）所示。

（4）初步拧紧螺母4,开车观察铣刀是否装正,最后拧紧螺母,如图6-7（d）所示。

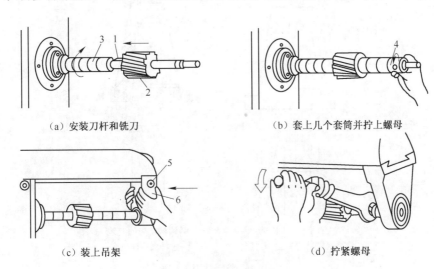

（a）安装刀杆和铣刀　　　　　　　（b）套上几个套筒并拧上螺母

（c）装上吊架　　　　　　　　　　　（d）拧紧螺母

图6-3-3　圆柱铣刀的安装步骤

1—键;2—铣刀;3—垫圈;4—螺母;5—螺钉;6—吊架。

6.3.2　带柄铣刀及其安装

1. 带柄铣刀的分类

带柄铣刀又分为直柄铣刀和锥柄铣刀。带柄铣刀多用在立式铣床上。

（1）端铣刀。也称为镶齿端铣刀,主要用于加工大平面,由于刀盘上装有硬质合金刀片,可以进行高速铣削,工作效率很高。

（2）立铣刀。由于其端面有3个以上的刀刃,主要用于加工直沟槽、小平面和曲面。

（3）键槽铣刀。只有两条刀刃,其圆周和端面上的切削刃度可作为主切削刃,用于铣削轴上的封闭键槽。

（4）T形槽铣刀。铣削T形槽。

（5）燕尾槽铣刀。铣削燕尾槽。

2. 带柄铣刀的安装

带柄铣刀有直柄铣刀和锥柄铣刀两种。直柄铣刀直径一般不大于20mm,多用弹簧夹头进行安装。铣刀的直柄插入弹簧夹头的光滑圆孔,用螺母压紧弹簧夹头的顶端,使弹簧套的外锥面受挤压而孔径变小,将铣刀夹紧。弹簧夹头有多种孔径,以适用不同口径的直柄铣刀,夹头体后端的锥柄可以安装在铣床的主轴锥孔内,当锥孔不合适时,可加变径套。铣床的主轴通常采用钳度为 7：24 的内锥孔。

锥柄铣刀有两种规格,一种锥柄锥度为 7：24,另一种锥柄锥度采用莫氏锥度(一般为 2°~4°)。根据铣刀锥柄尺寸,选择合适的变锥套,将各配合表面擦干净,然后用拉杆将铣刀和变锥套一起拉紧在主轴孔内。锥柄铣刀的安装如图 6-3-4 所示。

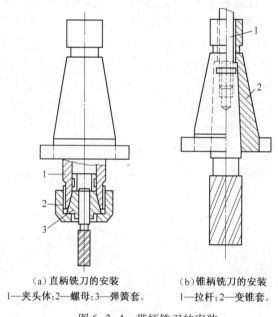

(a)直柄铣刀的安装
1—夹头体;2—螺母;3—弹簧套。

(b)锥柄铣刀的安装
1—拉杆;2—变锥套。

图 6-3-4 带柄铣刀的安装

6.4　铣床附件及工件安装

6.4.1　铣床附件

铣床附件主要有平口钳、回转工作台、万能铣头和分度头等。

1. 平口钳

平口钳是一种通用夹具,也是机床附件,如图 6-4-1 所示。平口钳主要由底座、钳身、固定钳口、活动钳口、钳口铁和螺杆所组成。平口钳的底座可以通过 T 形螺栓与铣床工作台稳固连接。工作时,工件安装在固定钳口和活动钳口之间,找正后夹紧,钳口铁需淬硬,其平面上的斜纹可防止工件滑动。钳口可夹持形状较规则、体积较小的工件。

在铣床上安装平口钳时,应用百分表校正固定钳口与工作台面的垂直度、平行度,并且工件下面的垫铁 1 要压紧不能松动,如图 6-4-2 所示。

2. 回转工作台

回转工作台也称为转盘,其外形如图 6-4-3 所示。回转工作台可用 T 形螺栓固定在铣床工作台上,主要用来分度及铣削带圆弧曲线的外表面和圆弧沟槽的工件。

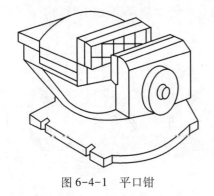

图 6-4-1　平口钳

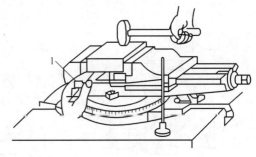

图 6-4-2　平口钳安装工件并找正
1—垫铁。

摇动手轮,通过内部的蜗轮、蜗杆传动,直接使回转台转动。转台周围有刻度,用以确定转台位置。转台中央的孔可以安装心轴,用以找正和方便地确定工件的回转中心。

图 6-4-4 所示为回转工作台铣圆弧槽的情况。安装工件时必须找正,使工件上圆弧槽的圆心和回转工作台的回转中心重合。此外,工件也可以用平口钳和三爪自定心卡盘安装在回转工作台上。铣削时,用手均匀缓慢摇动手柄,使回转工作台带动工件进行圆周进给,即可铣出圆弧槽。

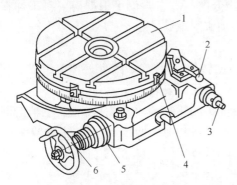

图 6-4-3　回转工作台
1—转台;2—离合器手柄;3—转动轴;
4—挡铁;5—偏心环;6—手轮。

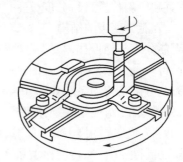

图 6-4-4　回转工作台铣圆弧槽

3. 万能铣头

万能铣头是一种扩大卧式铣床加工范围的附件,铣头的主轴可安装铣刀,并可根据加工需要,在空间扳转成任意方向,铣削各种类型和角度的表面。

万能立铣头外形如图 6-4-5 所示,其底座用 4 个螺栓固定在铣床的垂直导轨上。铣床主轴的运动通过铣头内的两对齿数相同的锥齿轮传到铣头主轴上,使铣床与铣头的转速比为 1∶1。万能立铣头位于大本体下面的小本体上,能在大本体上转动任意角度,如图 6-4-5(b)所示,而大本体可根据加工要求,绕铣床主轴偏转任意角度,如图 6-4-5(c)所示。因此,万能铣头的主轴就能在空间偏转成任意的角度,使卧式铣床的加工范围更大。图 6-4-5(a)所示为铣刀在垂直位置。虽然加装立铣头的卧式铣床可以完成立式铣床的工作,但由于立铣头与卧式铣床的连接刚度比立式铣床差,铣削加工时切削量不能太大,所以不能完全替代立式铣床。

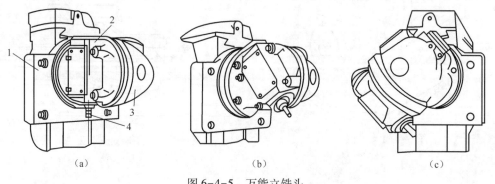

图 6-4-5　万能立铣头

1—底座;2—小本体;3—大本体;4—铣刀。

4. 分度头

铣削四方、六方、花键、齿轮等工件时,工件每铣过一个面或一个槽后,需要转过一定的角度,再依次铣下一个面或下一个槽,这种利用转角工作称为分度。

分度头就是用来进行分度的装置,它可以根据加工的要求将工件在水平、倾斜或垂直的位置上进行装夹分度。其中最常见的是万能分度头。它不仅可根据需要对工件在水平、垂直和倾斜位置进行分度,还可与工作台联动铣削螺旋槽。

1) 万能分度头的结构

万能分度头外形如图 6-4-6 所示,由主轴、回转体、分度盘、手柄、底座等组成。其主轴前端可安装三爪卡盘,主轴的锥孔内可安放顶尖,用以安装工件。

万能分度头传动系统如图 6-4-7 所示,分度头的手柄与单头蜗杆相连,主轴上固定有 40 齿的蜗轮,组成蜗轮蜗杆机构,其传动比为 1∶40,即手柄转动一圈,主轴转动 1/40 圈。如要将工件在圆周上分 z 等分,则工件上每一等分为 $1/z$ 圈,设主轴转动 $1/z$ 圈时,手柄应转动 n 圈,则依照传动比关系式,有

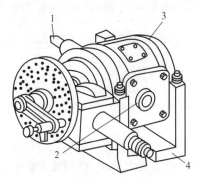

图 6-4-6　万能分度头

1—顶尖;2—主轴;3—回转体;4—底座。

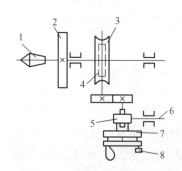

图 6-4-7　万能分度头传动系统

1—主轴;2—刻度盘;3—蜗轮;4—蜗杆;

5—螺旋齿轮;6—挂轮轴;7—分度盘;8—定位销。

$$\frac{1}{40} = \frac{n}{z}$$

即

$$n = \frac{40}{z}$$

2）分度方法

使用分度头进行分度的方法有简单分度法、直接分度法、角度分度法、差动分度法和近似分度法等,这里只介绍最常用的简单分度方法。该方法只适用于分度数 $z \leqslant 60$ 的情况。FW250 型分度头如图 6-4-8 所示,其备有两块分度盘,上面的孔圈数如下。

第一块,正面:24、25、28、30、34、37;反面:38、39、41、42、43。

第二块,正面:46、47、49、52、53、54;反面:57、58、59、62、66。

例如,铣削齿数 $z = 35$ 的齿轮,每次分度时手柄应转动的圈数为 $n = 40/z = 40/35$。

分度时,每分一齿,手柄需转过一整圈再多摇 1/7 圈。1/7 圈通过分度盘控制。简单分度时,分度盘固定。此时,将分度手柄上的定位销拔出,调整到孔数为 7 的倍数的孔圈上,如选定 49 的孔圈,此时手柄转过一整圈后,再按 49 的孔圈转 7 个孔距即可。

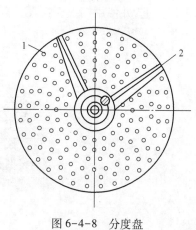

图 6-4-8　分度盘
1—分度盘;2—分度尺。

6.4.2　工件安装

在铣削过程中,铣刀作用在工件上的力是很大的。如工件装夹得不牢固,则工件在切削力的作用下会产生颤动,结果使铣刀折断;还可能使刀杆、夹具和工件损坏,甚至会发生人身事故,所以,一定要把工件装夹得牢固可靠。另外,还要求把工件安装在正确的位置;否则会影响加工质量。因此,装夹好工件是一项重要的工作。铣削加工常用的工件安装方法有平口钳装夹、压板和螺栓装夹、V 形铁装夹和分度头安装等。

1. 用平口钳安装

小型工件和形状规则的工件多用平口钳安装,图 6-4-9 所示为用平口钳装夹工件后铣削的示意图。

工件在平口钳上装夹时应注意以下几点。

（1）必须将工件的基准面紧贴固定钳口或导轨面,承受切削力的钳口必须是固定钳口。

（2）工件的余量必须高出钳口,以免铣坏钳口或损坏铣刀,若工件高度不够,可用平行垫铁将工件垫高。

（3）工件装夹位置正确,稳固可靠,在铣削过程中不产生位移。

（4）夹持毛坯,应在毛坯面与钳口之间垫上铜皮等物。

（5）用铜锤或木锤轻敲工件,使工件紧密地靠在平行垫铁上。夹紧后,用手挪动垫铁,检查夹紧程度,如有松动,应松开平口钳重新夹紧,对刚性不足的工件,夹紧时要支实,避免在夹紧时工件变形。

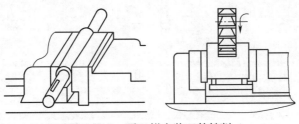

图 6-4-9　平口钳安装工件铣削

2. 用压板安装夹紧

如图 6-4-10 所示,对于较大或形状特殊的工件,可用压板 1、螺栓 2 直接安装在铣床的工作台上,并使用挡块 3 挡在铣削受力方向,防止工件在铣削时发生滑动。图 6-4-11 所示为用压板装夹工件铣平面。

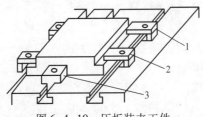

图 6-4-10　压板装夹工件

1—压板;2—螺栓;3—挡块。

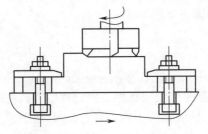

图 6-4-11　压板装夹工件铣平面

用压板装夹时应注意以下几点。

(1) 螺栓要尽量靠近工件,这样可增大夹紧力。

(2) 垫铁的高度要适当,防止压板和工件接触不良。

(3) 装夹薄壁工件,夹紧力的大小要适当,应避免工件在铣削时产生振动或变形。

(4) 在工件的光整表面与压板之间必须放置垫铁。

(5) 工件受压处不能悬空。

(6) 在工作台面上直接装夹毛坯工件时,应在工件与台面之间加垫纸片或铜片。

3. 用分度头安装工件

铣削加工各种需要分度工作的工件,可用分度头安装,图 6-4-12 所示为用分度头和顶尖安装工件进行铣齿轮。

用分度头还可配合卡盘一起安装轴类零件,由于分度头的主轴可以在垂直平面内转动,因此可以用分度头在水平、垂直及倾斜位置安装工件,如图 6-4-13 所示。

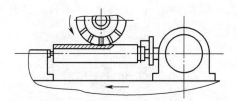

图 6-4-12　用分度头顶尖安装工件铣削

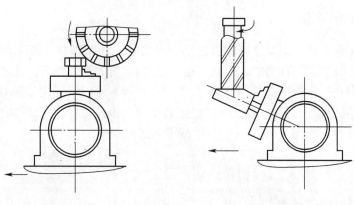

（a）分度头与卡盘（直立）　　　　　（b）分度头与卡盘（倾斜）

图 6-4-13　分度头配合卡盘一起安装轴类零件

4. 用 V 形铁安装夹紧

在铣削轴类零件的键、轴肩或在轴上铣削平面时，常把轴类零件夹持在 V 形铁上铣削，如图 6-4-14 所示。

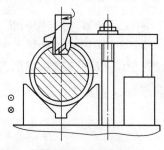

图 6-4-14　V 形铁安装

5. 用夹具安装

用各种简易和专用夹具安装工件，如图 6-4-15 所示，可提高生产效率和加工精度。

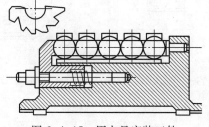

图 6-4-15　用夹具安装工件

当零件的批量较大时，一般就会采用专用夹具或组合夹具安装工件，这样既能提高生产效率，又能保证生产质量。

6.5 铣削基本操作

在铣床上可以进行铣削平面、沟槽、成形面、螺旋槽、钻孔和镗孔等操作。

6.5.1 铣削平面

铣削平面是铣削加工中最主要的工艺之一。用卧式铣床和立式铣床均可铣削平面。铣削平面时，常用的刀具有圆柱铣刀、端面铣刀、三面刃铣刀和立铣刀。

圆柱形铣刀在卧式铣床上使用方便，生产中也比较常用。用圆柱形铣刀加工平面时，由于螺旋齿刀齿在铣削时逐渐切入工件，铣削较平稳。因此，铣削平面时均采用螺旋齿圆柱形铣刀。图 6-5-1 所示为用圆柱铣刀铣削平面的示意图。

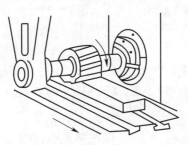

图 6-5-1 圆柱铣刀铣削平面

用端铣刀加工平面，由于刀杆刚性好，同时参加切削的刀齿较多，工作部分较短，铣削过程比较平稳。端铣刀除主切削刃担任切削工作外，端面切削刃起修光作用，工件表面粗糙度较低。镶硬质合金刀片的端铣刀，可以进行高速切削，铣削效率较高，表面粗糙度较低，加工较大平面时应优先采用。端铣平面是平面加工的最主要方法，如图 6-5-2 所示。

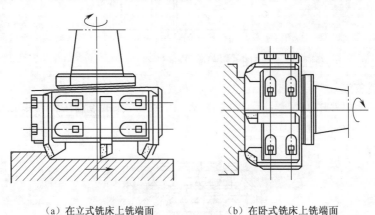

（a）在立式铣床上铣端面   （b）在卧式铣床上铣端面

图 6-5-2 铣端面

1. 圆柱铣刀铣削平面

用圆柱铣刀的周边刀齿铣削平面的方法称为周铣法。

周铣法有顺铣和逆铣两种方式。当刀齿的旋转方向与工件的进给方向相同时为顺铣;当刀齿的旋转方向与工件的进给方向相反时为逆铣。图6-5-3所示为顺铣与逆铣的工作示意图。

顺铣时,刀齿的载荷逐渐减小,使刀齿易于切入工件,刀齿的磨损较小,可以提高刀具寿命。铣刀在切削时对工件的垂直分力将工件压在工作台上,减少工件的振动,提高表面质量。但顺铣时水平分力与进给方向相同,容易造成铣削过程中进给不均匀,致使机床振动甚至抖动,影响已加工表面的表面质量,降低刀具的耐用度,甚至打坏刀具。这样就限制了顺铣法在生产中的应用。

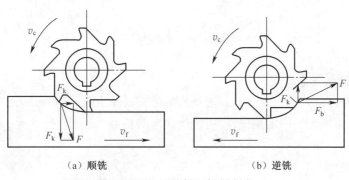

（a）顺铣　　　　　　　　　（b）逆铣

图6-5-3　圆柱铣刀铣削方式

逆铣时,刀齿的载荷逐渐增加,由于刀齿切削刃有一定的钝圆,所以刀齿切入工件前有滑行现象,刀刃与工件摩擦严重,使刀齿的磨损较大,增加已加工表面的粗糙度,降低工件的表面质量。此外,铣刀在切削时对工件的垂直分力是向上的,使工件产生上抬的趋势,这对工件的夹固不利,还会引起振动。由于逆铣时铣刀对工件的水平分力与工件进给方向相反,使进给丝杆与螺母相互压紧,工作台不会发生窜动现象。所以铣削加工余量较大,对工件表面加工质量要求不高时一般都采用逆铣加工。

2. 端铣刀铣削平面

用铣刀端面刀齿铣削平面的方法,称为端铣法。

6.5.2　铣斜面

斜面是指工件上既不水平,又不垂直的平面。铣削斜面常采用以下3种方法进行加工。

1. 将工件倾斜一定角度

用此方法加工斜面,要先将待加工的工件斜面划出加工线来,然后使工件转动一定的角度(用垫铁、平口钳、分度头或专用夹具倾斜安装工件,按划线校正或由夹具定位确定加工位置),使斜面转到水平位置,用铣削平面的方法铣削所需的斜面,如图6-5-4所示。

装夹方法举例如下。

(1)用垫铁方法安装。将斜面垫铁3垫在工件1基面下,使被加工斜面垫成水平面,如图 6-5-4(a)所示。

（2）用分度头安装。将工件装夹在分度头上,利用分度头将工件的斜面转到水平面,如图 6-5-4(b)所示。

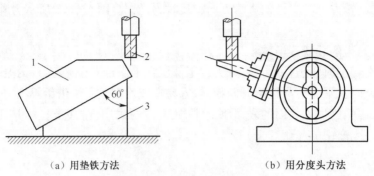

（a）用垫铁方法　　　　　　　　（b）用分度头方法

图 6-5-4　铣削斜面
1—工件;2—铣刀;3—垫铁。

2. 将铣刀倾斜一定角度

此方法通常在立式铣床或装有万能铣头的卧式铣床上进行。利用万能立铣头铣削斜面,将立铣头的主轴旋转一定角度,则可铣削相应的斜面,如图 6-5-5 所示。

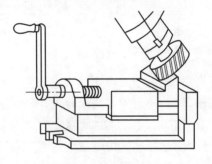

图 6-5-5　用万能立铣头铣削斜面

3. 用角度铣刀铣削斜面

此方法一般用来加工较小的斜面,就是利用具有一定角度的角度铣刀 1,铣削相应角度的斜面,如图 6-5-6 所示。

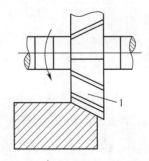

图 6-5-6　角度铣刀铣削斜面
1—铣刀。

6.5.3 铣沟槽

在铣床上可以加工键槽、直槽、角度槽、T形槽、V形槽、燕尾槽、螺旋槽等各种沟槽。

1. 铣削键槽

一般传动轴上都有键槽,按其结构特点可分为敞口式和封闭式两种。

敞口式键槽一般是在卧式铣床上用三面刃铣刀铣削,工件可用平口钳和分度头进行安装,如图6-5-7所示。

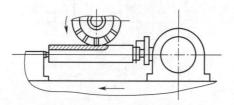

图6-5-7 敞口式键槽的铣削

封闭式键槽一般在立式铣床上采用键槽铣刀或立铣刀加工。用键槽铣刀加工时,首先按照键槽宽度选择键槽铣刀,将铣刀中心对准轴的中心,然后一薄层一薄层地铣削,直到符合要求为止,如图6-5-8所示。用立铣刀加工时,由于立铣刀端面中心无切削刃,不能向下进刀。一般是在封闭式键槽两端圆弧处,用相同圆弧半径的钻头先钻一个落刀孔,然后才能用立铣刀铣键槽。

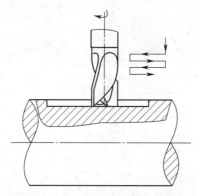

图6-5-8 封闭式键槽的铣削

2. 铣削T形槽

T形槽应用广泛,如铣床、钻床和刨床的工作台上都有T形槽,用来安装紧固螺纹,以便将夹具或工件固定在工作台上。

铣削T形槽步骤如下。

(1) 在立式铣床上用立铣刀或在卧式铣床上用三面刃铣刀铣出直角槽,如图6-5-9(a)、(b)所示。

(2) 在立式铣床上用T形槽铣刀铣削两侧横槽,如图6-5-9(c)所示。

(3) 如T形槽的槽口有倒角要求,用倒角铣刀对槽口进行倒角,如图6-5-9(d)所示。

由于 T 形槽铣刀的铣削条件差,排屑困难,因此应选择较小的铣削用量,并在铣削过程中应充分冷却和及时排除切屑。

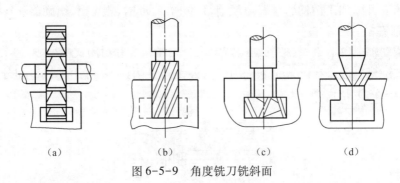

(a)   (b)   (c)   (d)

图 6-5-9　角度铣刀铣斜面

6.5.4　铣成形面

在铣床上一般可用成形铣刀铣削成形面,如图 6-5-10 所示。

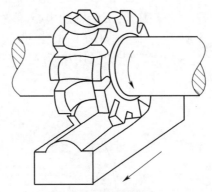

图 6-5-10　成形铣刀加工成形面

也可以在工件上按要求划线,然后根据划线的轮廓用手动进给来铣削出工件的成形表面,如图 6-5-11 所示。

为了减轻劳动强度,简化操作,提高加工精度,可在铣床上附加靠模装置来进行成形面的仿制铣削。

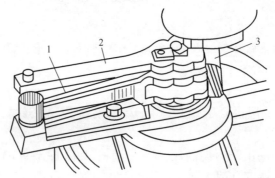

图 6-5-11　在立式铣床上铣成形面
1—工件;2—靠模;3—立铣刀。

136

6.5.5 铣齿形

齿轮是机械传动中应用广泛的一类零件,常用的齿轮有圆柱齿轮、圆锥齿轮、蜗轮和齿条等。

齿轮的种类很多,按照齿线的形状可以分为直齿、斜齿和曲线齿。按照齿廓形状可以分为渐开线、摆线和圆弧线3种,其中渐开线齿廓用途最广。

齿轮的加工方法有很多,其中的关键是齿面的加工。渐开线齿轮的齿形加工,按加工原理的不同可以分为成形法和展成法两大类。

1. 成形法

成形法是利用与被切齿轮齿槽形状相符的成形刀具加工出齿面的方法。

常用的成形铣刀有盘形铣刀和指状铣刀,在卧式铣床上采用圆盘式齿轮铣刀,在立式铣床上采用指状的轮铣刀,如图6-5-12所示。

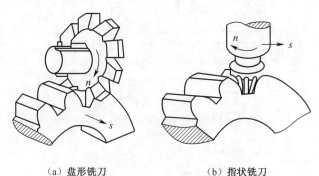

（a）盘形铣刀　　　　　　　　（b）指状铣刀

图6-5-12　成形齿轮刀

成形铣削一般在普通铣床上进行,铣削方法如下。

（1）首先安装工件,工件安装在分度头上。

（2）然后选择并安装好刀具,渐开线齿廓的形状是由齿轮的模数、齿数和齿形角决定的。所以齿轮的模数、齿数不同,渐开线齿廓就不一样,因此要加工出准确的齿廓,每一个模数,每一种齿数的齿轮,就相应地需要用一种形状的齿轮铣刀。生产中若每个齿数都用一把专用铣刀加工是非常不经济的。所以实际生产中,是将同一模数的齿轮,按其因数分为8组,如表6-5-1所列,每一组只用一把铣刀,由于每种编号的刀齿形状均按加工齿数范围中的最小齿数设计,因此选刀时,先选择与工件相同模数的这组铣刀,再按所铣齿轮的齿数从表中查得铣刀号数即可。

（3）用选好的铣刀对工件进行切削,工作台做直线进给运动,加工完一个齿槽,分度头将工件转过一定角度,再加工完另一个齿槽,依次加工出所有齿槽。

表6-5-1　齿轮铣刀号数与铣齿数的关系

铣刀号数	1	2	3	4	5	6	7	8
齿轮齿数	12～13	14～16	17～20	21～25	26～34	35～54	55～135	>135

用成形法加工齿轮,设备简单,且刀具成本低,但齿轮精度较低(IT11～IT9),齿面粗

糙度较差,且生产率较低,所以成形法铣齿一般用于单件小批生产和机修工作中,修配精度要求不高的齿轮。

2. 展成法

展成法是利用齿轮刀具与被切齿轮的互相啮合运动切出齿形的方法。用展成法加工圆柱齿轮加工的方法主要有滚齿和插齿等。

圆柱齿轮加工机床有滚齿机(图 6-5-13)和插齿机(图 6-5-14),一般精度可达 8~7级,生产效率高,适合批量大的齿轮加工。

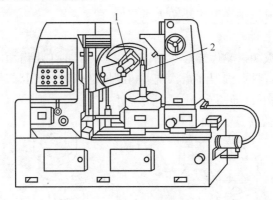

图 6-5-13　滚齿机

1—滚刀杆;2—工件心轴。

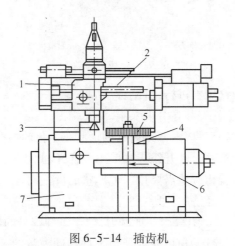

图 6-5-14　插齿机

1—刀架;2—横梁;3—插齿刀;4—芯轴;5—工件;6—工作台;7—床身。

1）滚齿加工

在滚齿机上滚齿的加工过程,相当于利用一对螺旋圆柱齿轮的啮合原理进行加工。

所用的刀具称为滚齿刀,其外形像一个蜗杆,在垂直于蜗杆螺旋线的方向开出槽,并磨削形成切削刃,其法向剖面具有齿条的齿形。因此,滚齿加工过程中齿形的形成,可近似看作是齿轮和齿条的啮合。滚齿时,滚刀的旋转方向一方面使一排排刀刃由上向下完成切削运动,另一方面又相当于一个齿条在连续地移动。只要滚刀和齿坯的转速之间能严格地保持齿条和齿轮相啮合的运动关系,滚刀就可以在齿坯上滚切出渐开线齿形。

图6-5-15所示为滚齿机滚齿的示意图。

滚齿加工主要用于加工直齿和斜齿的外圆柱齿轮以及加工蜗轮和链轮等。

滚齿的工艺特点:加工精度高,一般为 IT8～IT7 级;齿面的表面粗糙度 $Ra = 3.2$～$0.8\mu m$;生产率高;滚刀通用性强,每一模数的滚刀可以滚切同一模数任意齿数的齿轮;适用性好。

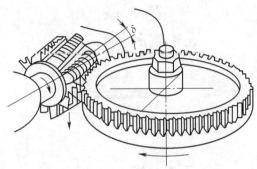

图6-5-15 滚齿机滚齿的示意图

2) 插齿加工

插齿加工是利用一对轴线相互平行的圆柱齿轮的啮合原理进行加工的。

所用的刀具称为插齿刀,其外形像一个齿轮,在齿上磨出前角和后角,形成锋利的刀刃。插齿时,插齿刀安装在刀架的刀轴上,做上、下往复直线运动和回转运动。刀架可带动插齿刀向工件径向切入。工件安装在工作台中央的心轴上,在做回转运动的同时,随工作台水平摆动让刀。齿廓渐开线是在插齿刀刀刃多次相继切削中,由刀刃各瞬时位置的包络线所形成。插齿原理如图6-5-16 所示。

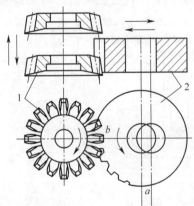

图6-5-16 插齿原理
1—工件坯料;2—插齿刀。

插齿机除了两个成形运动外,还需要一个径向切入运动。此外,为了减少切削刃的磨损,机床上还需要有让刀运动。

插齿加工主要用于加工直齿圆柱齿轮、多联齿轮和内齿轮等。

插齿的工艺特点:加工精度较高,一般为 IT8～IT7;齿面的表面粗糙度 $Ra = 1.6$～$0.8\mu m$;生产率较低,在一般情况下,生产率低于滚齿;适用性较好。

第7章
刨削加工

7.1 概 述

刨削是在刨床上利用刨刀对工件做水平相对直线往复运动的一种切削加工方法。刨床分为牛头刨床和龙门刨床两大类。

7.1.1 刨削加工的特点

刨削加工精度可达 IT9～IT8，表面粗糙度 $Ra = 12.5 \sim 3.2 \mu m$，用宽刀刨削时，$Ra = 1.6 \mu m$。此外，刨削加工还可保证一定的相互位置精度，如面与面的平行度和垂直度。

在牛头刨床上刨削时，刨刀的直线往复运动是主运动(v)，工件的横向移动是进给运动(f)。在龙门刨床上刨削时，工件的直线往复运动是主运动(v)，而刀具在工件返回行程结束后的横向运动为进给运动(f)，如图 7-1-1 所示。

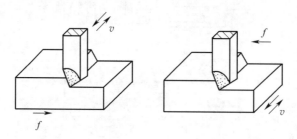

（a）在牛头刨床上刨削平面　　（b）在龙门刨床上刨削平面

图 7-1-1　主运动和进给运动

由于刨削的主运动为直线往复运动，反向运动时要克服惯性力，且刨刀在切削过程中需要承受较大的冲击力，这些均影响了刨削速度。又由于返回行程刨刀不进行切削，故刨削的生产率较低。但是由于刨削机床的结构简单，刀具刃磨和安装简单，调整和操作方便，价格低廉，加工灵活，适应性强，生产准备时间短。因此，刨削加工在单件、小批量生产及维修中仍广泛应用。

7.1.2 刨削加工范围

在金属切削加工中,刨削主要用来加工平面、各种沟槽及各种成形面等,还可加工精度要求较低的齿轮,如图 7-1-2 所示。

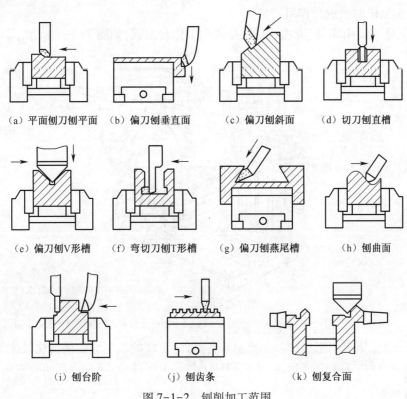

(a) 平面刨刀刨平面　(b) 偏刀刨垂直面　(c) 偏刀刨斜面　(d) 切刀刨直槽

(e) 偏刀刨V形槽　(f) 弯切刀刨T形槽　(g) 偏刀刨燕尾槽　(h) 刨曲面

(i) 刨台阶　　　(j) 刨齿条　　　(k) 刨复合面

图 7-1-2　刨削加工范围

7.2　刨　床

采用刨削加工方式的机床主要有牛头刨床、龙门刨床、插床、拉床和刨齿机。刨床的编号按照《金属切削机床型号编制方法》(GB/T 15375—1994)的规定表示。刨床的编号如表 7-2-1 所列。

表 7-2-1　刨床编号表

类		组		系	主参数	
代号	名称	代号	名称	代号	折算系数	名称
B	刨插床	2	龙门刨床	0	1/100	最大刨削宽度
		5	插床	0	1/10	最大插削长度
		6	牛头刨床	0	1/10	最大刨削长度

例如,刨床型号为 B6050,表示该型机床为牛头刨床机型,最大的刨削长度为 500mm。

7.2.1 牛头刨床

牛头刨床在金属切削加工中应用较广,适合刨削长度不超过 1000mm 的中、小型工件。

1. 牛头刨床的组成及作用

牛头刨床主要由床身、滑枕、刀架、横梁和工作台组成,如图 7-2-1 所示。

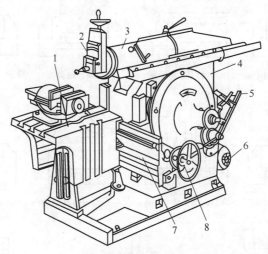

图 7-2-1 牛头刨床

1—工作台;2—刀架;3—滑枕;4—床身;5—变速手柄;6—电动机;7—横梁;8—进给手柄。

(1)床身。床身用来连接和支承刨床各部件,顶端的水平导轨供滑枕做往复运动,侧面的垂直导轨供横梁做升降运动,从而带动工作台上下移动,床身内部装有主运动变速机构和摆杆机构。

(2)滑枕。滑枕前端安装刀架,用来带动刀架做直线往复运动,实现刨削。滑枕行程的长度和位置以及往复运动的快慢,可根据加工需要进行调整。

(3)刀架。刀架又称牛头,用以夹持刨刀,并可做垂直或斜向进给运动。转动刀架手柄,可使刀架带动刨刀实现进刀或做垂直进给运动;松开转盘上的螺母,将转盘转过一定角度(±60°)后,可使刨刀做斜向进给运动。滑板上还装有可偏转的刀座,抬刀板可绕刀座上的轴 A 向上抬起,使刨刀在返回行程时离开工件已加工表面,以减少与工件的摩擦,防止划伤已加工好的工件表面。其结构如图 7-2-2 所示。

(4)横梁。横梁上装有工作台及工作台进给丝杠,横梁可沿床身垂直导轨垂直移动,它可带动工作台沿着横梁一侧的导轨做间歇进给运动。

(5)工作台。工作台用来安装工件或夹具,可与横梁一起沿床身垂直导轨上下调整。并可在横向进给机构驱动下,沿横梁导轨实现横向进给运动。横向进给机构采用曲柄摇杆机构。

2. 牛头刨床传动系统及机构调整

1)牛头刨床传动系统

牛头刨床的主运动为滑枕带动刨刀做直线往复运动,其传动路线为:电动机→带轮→

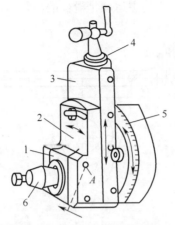

图 7-2-2　牛头刨床的刀架

1—抬刀板;2—刀座;3—滑板;4—刻度盘;5—转盘;6—刀夹。

齿轮变速机构→曲柄撑杆机构。进给运动为工作台做水平或垂直运动,其传动路线为:电动机→带轮→四轮变速机构→棘轮机构→进给丝杆→工作台。

图 7-2-3 所示为 B6065 牛头刨床的主传动系统。

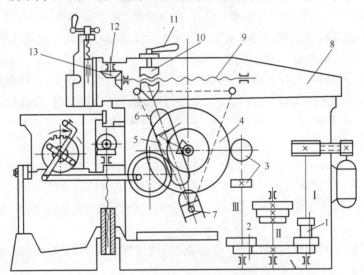

图 7-2-3　B6065 牛头刨床的主传动系统

1,2—滑动齿轮组;3,4—齿轮;5—偏心滑块;6—摆杆;7—下支点;8—滑枕;9—丝杠;
10—丝杠螺母;11—手柄;12—方头杆;13—锥齿轮。

牛头刨床的传动机构主要由齿轮变速机构、曲柄摆杆机构和棘轮机构组成。牛头刨床变速机构由图 7-2-3 中 1、2 两组滑动齿轮组,轴Ⅲ(与滑动齿轮组 2 相连)有 6 种转速,使滑枕变速。通过调整齿轮的不同组合来改变齿轮变速机构的传动比,使刨床可以获得不同的切削速度。曲柄摆杆机构和棘轮机构的介绍如下。

2)牛头刨床的调整

牛头刨床的调整包括主运动调整和工作台横向进给运动调整两部分。

143

（1）主运动调整。牛头刨床的主运动是滑枕的往复运动,是通过摆杆机构实现的,如图 7-2-4 所示。

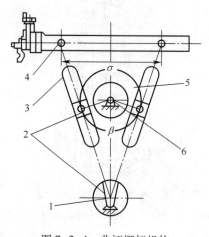

图 7-2-4　曲柄摆杆机构
1—下支点;2—滑块;3—摆杆;4—上支点;5—大齿轮;6—支点。

曲柄摆杆机构由摆杆齿轮、摆杆、偏心滑块组成,摆杆机构中齿轮 5 转动,带动滑块 2 绕支点 6 做圆周运动,且滑块 2 在摆杆 3 的槽内滑动,并带动摆杆 3 绕下支点 1 转动,于是带动滑枕做往复直线运动。当摆杆齿轮旋转一周时,偏心滑块带动摆杆来回摆动一次,与摆杆连接的滑枕就往复运动一次。

在这个过程中滑枕的往复速度是不同的,在滑枕的工作行程中,摆杆齿轮转过的角度为 α,在返回行程摆杆齿轮转过的角度为 β,由于 $\alpha>\beta$,所以返回行程滑枕的速度大于工作行程,因此回程时间较工作行程短,即慢进快回,这种特点对提高刨削加工的效率是有利的。

摆杆下支点通过滑块与床身连接,因为如果摆杆与床身铰接,则摆杆上支点的运动路线为圆弧线,所以摆杆必须可以沿其轴线滑移,才能保证滑枕做直线运动。通过调整偏心滑块的偏心距可以改变滑枕的行程,偏心距变小,摆杆摆动的角度变小,滑枕的行程也就变短。

滑枕往复运动的调整包括以下 3 个方面:滑枕行程长度的调整、滑枕行程位置的调整以及滑枕往复运动速度的调整。

① 滑枕行程长度的调整。滑枕行程长度一般比工件加工长度大 30~40mm。滑枕行程长度的调整原理如图 7-2-5 所示。调整时,转动轴,通过一对锥齿轮转动小丝杠,小丝杠使曲柄螺母带动滑块移动,改变了滑块偏移大齿轮轴心的距离,偏心距越大,摆杆的摆动角度越大,滑枕的行程也就越长;反之则变短。

② 滑枕行程位置的调整。当行程长度调整好以后,还应调整滑枕的行程位置,参见图 7-2-3。调整时,松开滑枕锁紧螺母,转动行程位置调整小轴,通过锥齿轮 13 使丝杠 9 旋转,由于螺母不动,丝杠 9 带动滑枕运动。顺摇滑枕向后,反摇滑枕向前,调好后再锁紧固定手柄。

③ 滑枕往复运动速度的调整。滑枕往复运动速度是由滑枕每分钟往复次数和行程

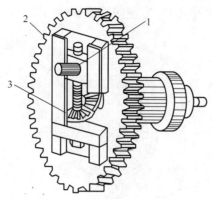

图 7-2-5　滑枕行程长度的调整
1—偏心滑块;2—摇臂齿轮;3—锥齿轮。

长度确定的。要改变滑枕的速度,只需改变变速手柄的位置即可,一共可变 6 种速度,由于改变了变速机构的主动齿轮与被动齿轮的传动比,可使滑枕得到 6 种不同的每分钟往复次数。

(2)工作台横向进给运动调整。工作台的横向进给运动是间歇运动,通过棘轮机构来实现的,如图 7-2-6 所示。

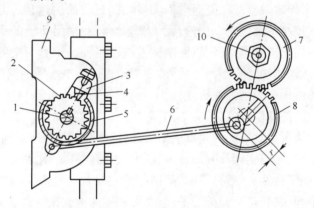

图 7-2-6　棘轮机构
1—横向进给丝杆;2—棘轮;3—摇杆;4—棘爪;
5—棘轮罩;6—连杆;7,8—齿轮;9—横梁;10—轴。

棘轮机构由棘轮、棘爪、连杆、棘轮罩组成,齿轮 7 带动齿轮 8 转动,齿轮 8 带动连杆使棘爪往复摆动,棘爪前进时,其垂直面接触轮齿,拨动棘轮,使棘轮旋转,棘轮通过键与进给丝杆连接,带动进给丝杆使工作台横向运动,棘爪返回时,其斜面接触轮齿,只能从轮齿上滑过,不能拨动棘轮,工作台静止不动,完成间歇进给。

工作台横向进给量的大小取决于滑枕每往复一次时棘爪所能拨动的棘轮齿数。因此调整横向进给量,实际是调整棘轮护盖的位置。横向进给量的调整范围为 0.33~3.3mm。

改变进给速度可通过调节棘轮罩 5 的位置,改变棘爪 4 拨动的齿数,即可改变进给丝杆的转动角度。改变进给方向则只需将棘爪提起,转过 180° 再放下即可,如图 7-2-7 所示。

145

进给运动的调整包括两个方面,即横向进给量的调整和横向进给方向的调整。

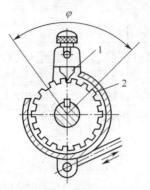

图 7-2-7　棘轮及护盖
1—棘爪;2—棘轮罩。

7.2.2　龙门刨床

龙门刨床主要用来刨削大型工件或一次刨削若干个中小型工件,如图 7-2-8 所示。因它具有一个"龙门"式框架而得名。龙门刨床工作时,工件装夹在工作台 9 上,随工作台沿床身 10 的水平导轨做直线往复运动以实现切削过程的主运动。龙门刨床的工作台由一套复杂的电气控制系统控制,可进行无级调速。装在横梁 2 上的垂直刀架 5、6 可沿横梁导轨做间歇的横向进给运动,用以刨削工件的水平面。垂直刀架的溜板还可使刀架上下移动,做切入运动或刨竖直平面。此外,刀架溜板还能绕水平轴调整至一定角度位置以加工斜面或斜槽。横梁 2 可沿左右立柱 3、7 的导轨做垂直升降以调整垂直刀架位置,调整横梁在立柱上的高低位置,以适应不同高度工件的加工需要。装在左右立柱上的刀架 1、8 可沿立柱导轨做垂直方向的间歇进给运动,以刨削工件竖直平面。

与牛头刨床相比,龙门刨床具有形体大、动力大、结构复杂、刚性好、工作稳定、工作行程长、适应性强和加工精度高等特点。龙门刨床的主参数是最大刨削宽度。它主要用来加工大型零件的平面,尤其是窄而长的平面,也可加工沟槽或在一次装夹中同时加工数个中、小型工件的平面。加工精度和生产效率都比牛头刨床高。

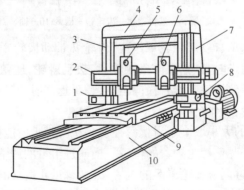

图 7-2-8　龙门刨床
1,8—左、右刀架;2—横梁;3,7—立柱;4—顶梁;5,6—垂直刀架;9—工作台;10—床身。

7.3 刨刀及其安装

7.3.1 刨刀

刨刀种类很多,常用的有平面刨刀、切刀、成形刀、偏刀、角度刀和弯头刀等,如图 7-3-1所示。平面刨刀是用来刨削平面的刀具,切刀用于切断工件或加工直角四槽等,而成形工件在刨床厂用成形刀具加工,如用来刨削 V 形槽和特殊形状表面的刀具。偏刀用于刨削垂直面、台阶面和外斜面等,角度刀用于刨削角度形工件如燕尾槽和内斜槽。弯头刀用于刨削 T 形槽和侧面割槽。

刨刀的结构、几何形状与车刀相似,但是由于刨削过程有冲击力,刀具容易损坏,所以刨刀截面一般为车刀的 1.25 ~1.5 倍。刨刀的前角 γ_0 比车刀稍小(一般为 5° ~10°),刃倾角 λ_s 取较大的负角,以增加刀具的强度。主偏角 κ 一般为 30° ~70°。当采用较大的进给量时应该取较小的值。

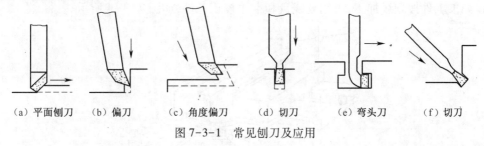

（a）平面刨刀　（b）偏刀　（c）角度偏刀　（d）切刀　（e）弯头刀　（f）切刀

图 7-3-1　常见刨刀及应用

7.3.2 刨刀的安装

在刨床上可以刨平面(水平面、垂直平面和外面)、沟槽(直槽、V 形槽、燕尾槽和 T 形槽)和曲面等。

刨刀属单刃刀具,其几何形状与车刀大致相同。由于刨刀在切入工件时要受较大扩冲击力,所以刀杆截面积一般比较大。为避免刨削时产生"扎刀"而造成工件报废,刨刀常制成图 7-3-2(a)所示的弯颈形式,而直头刨刀在刨削时受到变形易啃入工件使刀刃或工件受到损坏。刨刀装夹时应注意:位置要正;刀头伸出长度应尽可能短;夹紧要牢固。

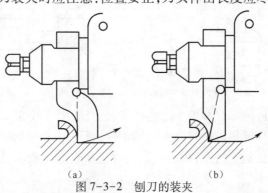

（a）　　　　　　　　　（b）

图 7-3-2　刨刀的装夹

147

7.3.3　工件的安装

1. 平口钳装夹

较小的工件可用固定在工作台上的平口钳装夹。平口钳在工作台上位置应正确,装夹工件时应注意工件高出钳口或伸出钳口两端不宜太多,以保证夹紧可靠,使用垫铁夹紧工件,应使工件紧贴垫铁,如图7-3-3所示。

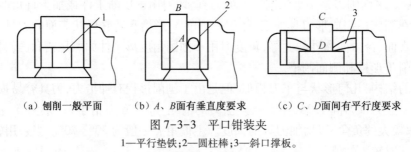

（a）刨削一般平面　　　　（b）A、B面有垂直度要求　　　（c）C、D面间有平行度要求

图7-3-3　平口钳装夹

1—平行垫铁;2—圆柱棒;3—斜口撑板。

如果工件按划线加工,可用划线盘和卡钳校正工件,如图7-3-4所示。

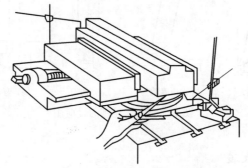

图7-3-4　用划线盘和卡钳校正工件

2. 压板装夹

较大的工件可置于工作台上,用压板、螺栓、挡块等直接装夹,如图7-3-5所示。

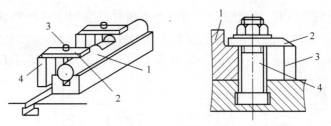

图7-3-5　工件的压板装夹

1—工件;2—压板;3—压紧螺钉;4—垫铁。．

刨削时要根据工件的形状和大小来选择安装方法,对于小型工件通常使用平口钳进行装夹。对于大型工件或平口钳难以夹持的工件,可使用T形螺栓和压板将工件直接固定在工作台上。为保证加工精度,在装夹工件时应根据加工要求,使用划针、百分表等工具对工件进行扶正。

7.4 刨削工艺

7.4.1 刨平面

刨削水平面时进给运动由工作台(工件)横向移动完成,切削深度由刀架控制。刨刀一般采用两侧刀刃对称的尖头刀,以便于双向进给,减少刀具的磨损和节省输助工时。将刨刀安装在刀夹上,如图7-4-1所示。刀头不能伸出太长,以免刨削时产生较大振动,刀头伸出长度一般为刀杆厚度的1.5~2倍。由于刀夹是可以抬起的,所以无论是装刀还是卸刀,用扳手拧刀夹螺钉时,施力方向都应向下。

将刀架刻度盘刻度对准零线,根据刨削长度调整滑枕的行程及滑枕的起始位置,设置合适的行程速度和进给量,调整工作台将工件移至刨刀下面,开动机床,转动刀架手柄,使刨刀轻微接触工件表面。停车,转动刀架手柄,使刨刀进至选定的切削深度并锁紧。刨削工件1~1.5mm宽时,先停机床,检测工件尺寸,再开机床,完成平面刨削加工。

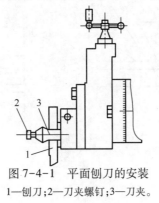

图7-4-1 平面刨刀的安装
1—刨刀;2—刀夹螺钉;3—刀夹。

7.4.2 刨沟槽

在刨削沟槽时,一般先在工件端面划出加工线,然后装夹找正。为保证加工精度,应在一次装夹中完成加工。刨直槽时,选用切槽刀,刨削过程与刨垂直面方法相似,如果沟槽宽度不大,可用宽度与槽宽相当的直槽刨刀直接刨到所需宽度,旋转刀架手柄实现垂直进给;如果沟槽宽度较大,则可横向移动工作台,分几次刨削达到所需槽宽。

刨T形槽如图7-4-2所示,先用切槽刀刨出直槽,使其宽度等于T形槽的宽度,深度等于T形槽的深度,然后用左、右弯头刀刨出凹槽,最后用45°刨刀刨出倒角。在刨削T形槽之前,应先将有关表面加工完成,并划出刨削T形槽的加工线。

刨V形槽如图7-4-3所示,其刨削方法是将刨平面与刨外面的方法综合进行。

(1)先用刨平面的方法刨出V形槽轮廓。

(2)用切槽刀切出V形槽的退刀槽。

(3)用刨斜面的方法刨出左、右斜面。

刨燕尾槽的方法与刨V形槽相似,采用左、右偏刀按划线分别刨削燕尾斜面,其加工顺序如图7-4-4所示。

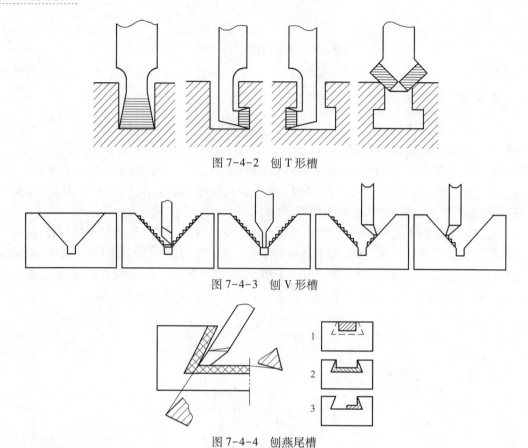

图 7-4-2　刨 T 形槽

图 7-4-3　刨 V 形槽

图 7-4-4　刨燕尾槽

7.4.3　刨成形面

1. 刨削斜面

刨削斜面时,有两种方法:一是倾斜装夹工件,使工件被加工斜面处于水平位置,用刨水平面的方法加工;二是将刀架转盘 2 旋转所需角度,摇动刀架手柄使刀架滑板做手动倾斜进给,如图 7-4-5 所示。将刀架转盘倾斜至加工要求的角度,切削深度由工作台横向移动来调整,通过转动刀座手柄来实现进给运动以刨出斜面。

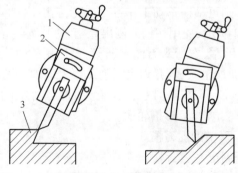

图 7-4-5　刨削斜面
1—刀架;2—刀架转盘;3—工件。

2. 刨垂直面

刨垂直面如图 7-4-6 所示;应选择偏刀。为保证加工平面的垂直度,加工前应将刀架转盘刻度对准零线,位置精度要求较高时,在刨削时应按需要微调纠正偏差。将刀架刻度盘刻度对准零线后,刀座偏转一定角度(10°~15°),以避免刨刀回程时划伤已加工表面,切削深度由工作台横向移动来调整,通过转动刀座手柄或工作台垂直方向的移动实现进给运动。

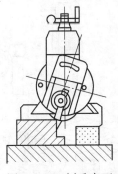

图 7-4-6 刨垂直面

3. 刨曲面

(1) 按划线通过工作台横向进给和手动刀架垂直进给配合刨出曲面。

(2) 用成形刨刀刨曲面,如图 7-4-7 所示。

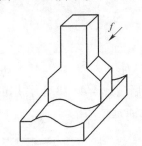

图 7-4-7 用成形刨刀刨曲面

7.5 插　　削

7.5.1 插床

插削加工使用的机床是插床,插床的主运动是滑枕的垂直直线往复运动。进给运动是上滑座和下滑座的水平纵向或横向移动,以及圆工作台的水平回转运动。

插床的滑枕是垂直运动的,实际上是一种立式刨床,图 7-5-1 所示为插床的外形。插床主要由床身、底座、工作台、滑枕等组成。插削加工时,插刀安装在滑枕的刀架上,滑枕 2 带动插刀沿垂直方向做直线往复运动,实现切削过程的主运动。工件安装在圆工作台 1 上,圆工作台可实现纵向、横向和圆周方向的间歇进给运动,工作台的旋转运动可由分度盘控制进行分度,如加工花键等。此外,利用分度装置 5,圆工作台还可进行圆周分度。滑枕导轨座 3 和滑枕一起可以绕销轴 4 在垂直平面内相对立柱倾斜 0°~8°,以便插削斜槽和斜面。

插床的主参数是最大插削长度。插削主要用于单件、小批量生产中加工工件的内表面,如方孔、多边形孔和键槽等。在插床上加工内表面,比刨床方便,但插刀刀杆刚性差,为防止"扎刀",前角不宜过大,因此加工精度比刨削低。

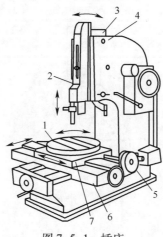

图 7-5-1　插床

1—圆工作台;2—滑枕;3—滑枕导轨座;4—销轴;5—分度装置;6—床鞍;7—溜板。

7.5.2　插刀

插刀也属单刃刀具,常用的插刀如图 7-5-2 所示。与刨刀相比,插刀的前面与后面位置对调。为了避免刀杆与工件已加工表面碰撞,其主切削刃偏离刀杆正面。插刀的几何角度一般是:前角 $\gamma_0 = 0°~12°$,后角 $\alpha_0 = 4°~8°$。常用的尖刃插刀主要用于粗插或插多边形孔,平刃插刀主要用于精插或插直角沟槽。

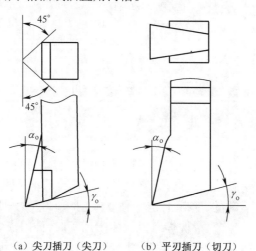

　　（a）尖刀插刀（尖刀）　　（b）平刃插刀（切刀）

图 7-5-2　插刀

7.5.3 插削的应用及特点

插削和刨削的切削方式相同,只是插削是在铅垂方向进行切削的。在插床上可以插削孔内键槽、方孔、多边形孔和花键孔等,如图 7-5-3 所示。

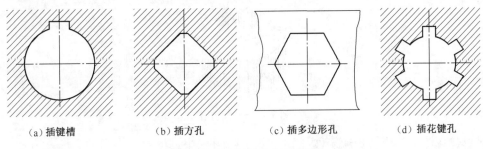

（a）插键槽　　　　　（b）插方孔　　　　　（c）插多边形孔　　　　　（d）插花键孔

图 7-5-3　插削的主要内容

1. 插键槽

如图 7-5-4 所示,装夹工件并按划线校正工件位置,然后根据工件孔的长度(键槽长度)和孔口位置,手动调整滑枕和插刀的行程长度和起点及终点位置,防止插刀在工作中冲撞工作台而造成事故。键槽插削一般应分粗插及精插,以保证键槽的尺寸精度和键槽对工件轴线的对称度要求。

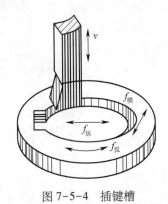

图 7-5-4　插键槽

2. 插方孔

插小方孔时,可采用整体方头插刀插削,如图 7-5-5 所示。插较大的方孔时,采用单边插削的方法,按划线找正先粗插(每边留余量 0.2~0.5mm),然后用 90°刀头插去 4 个内角处未插去的部分。粗插时应注意测量方孔边至基准的尺寸,以保证尺寸精度和对称度要求。插削按第一边、第三边(对边)、第二边、第四边的顺序进行。

3. 插花键

插花键的方法与插键槽大致相同。不同的是花键各键槽除了应保证两侧面对轴平面的对称度外,还需要保证在孔的圆周上均匀分布 因此,插削时常用分度盘进行分度。

4. 插削的工艺特点

（1）插床与插刀的结构简单,加工前的准备工作和操作也较方便,但与刨削一样,插

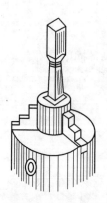

图 7-5-5　插方孔

削时也存在冲击和空行程损失,因此,主要用于单件、小批量生产。

（2）插削工作行程受力杆刚性限制,槽长尺寸不宜过大。

（3）刀架没有抬刀机构,工作台没有让刀机构,因此插刀在回程时与工件相摩擦,工作条件较差。

（4）除键槽、型孔以外,插削还可以加工圆柱齿轮、凸轮等。

（5）插削的经济加工精度为 IT9～IT7,表面粗糙度 $Ra=6.3～1.6\mu m$。

第8章
磨削加工

8.1 概　述

　　磨削就是利用高速旋转的磨具(砂轮、砂带、磨头等)切除工件表面多余材料的加工方法。磨削的加工范围很广,它可以磨削难以切削的各种高硬超硬材料,可以磨削各种表面。磨削时,砂轮的回转是主运动。进给运动包括砂轮的轴向移动、砂轮的径向移动、工件的回转运动、工件的纵向移动、工件的横向移动等。

　　磨削可以用于粗加工、精加工和超精加工。用于粗加工时,可以用于材料的切断、倒角、清除工件的毛刺、铸件上的浇、冒口和飞边等;用于精加工时,可以磨削零件的内外圆柱面、内外圆锥面和平面、齿轮、叶片等成形表面,磨削还可加工螺纹。

　　磨削的主要加工方法如图 8-1-1 所示。

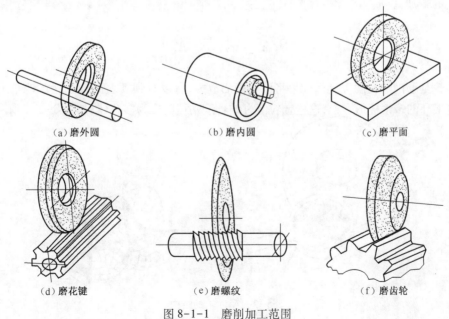

| (a) 磨外圆 | (b) 磨内圆 | (c) 磨平面 |

| (d) 磨花键 | (e) 磨螺纹 | (f) 磨齿轮 |

图 8-1-1　磨削加工范围

从本质上讲,磨削也是一种切削,砂轮或磨具表面上的每一个突出颗粒,均可近似地看作一个微小的刀刃。与车削、铣削等加工相比,磨削具有以下特点。

1. 切削温度高

磨削时,砂轮以 1000~3000m／min 的高速度旋转,产生大量的切削热,工件加工表面温度超过 1000℃。为避免工件材料在高温下发生氧化、产生火花,从而引起材料性能改变,在磨削时应使用大量的切削液,及时冲走屑末,降低磨削温度,保证加工表面质量。

2. 多刃、微刃切削

磨削用的砂轮是由许多细小的硬度很高的磨粒用结合剂粘接而成,砂轮表面每平方厘米的磨粒数量为 60~1400 颗,这些锋利的磨粒在高速旋转的条件下,就相当于一个个切削刀刃,切入工件表面,形成多刃、微刃切削。

3. 加工精度高、表面质量好

常用的磨削加工精度可达 IT6~IT5,表面粗糙度 Ra 值可达 0.2~0.8μm。如果采用先进的切削工艺,如精密磨削、超精密磨削等,Ra 值可达 0.008~0.012μm。

4. 加工材料广泛

砂轮的磨粒材料通常采用人造金刚石等硬度极高的材料,因此磨削不仅可以加工碳钢、铸铁和有色金属等常用金属材料,还可以加工一般刀具难以加工的,如淬硬钢、硬质合金、超硬材料、宝石、玻璃等高硬度材料。

5. 不宜加工较软的有色金属

当一些硬度低而塑性好的有色金属用砂轮进行磨削时,磨屑会粘在磨粒上不脱落,造成磨粒空隙堵塞,使磨削无法继续进行。

磨削在各类磨床上实现。磨具是以磨料为主制造而成的切削工具,分固结磨具(如砂轮、磨头、油石、砂瓦等)和涂覆磨具(砂带)两类。本章主要介绍应用最广泛的以砂轮为磨具的普通磨削。

8.2 砂 轮

砂轮是磨削的切削工具。如果将砂轮表面放大,可以看到其表面杂乱无章地布满了很多硬度很高的多角棱形颗粒,这些颗粒经过结合剂粘接而成为多孔体,如图 8-2-1 所示。

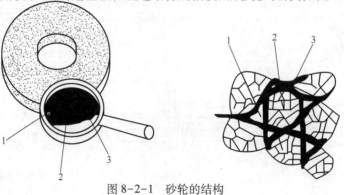

图 8-2-1 砂轮的结构
1—气孔;2—磨料;3—结合剂。

8.2.1 砂轮的特性

砂轮的特性主要包括磨料、粒度、结合剂、硬度、组织、形状和尺寸等,它直接影响工件的加工精度。

1. 磨料

磨料是磨具(砂轮)中磨粒的材料。它直接担负着切削工作,具有硬度高、耐磨性好、耐热性好、化学稳定性好、韧性适当等特点。磨料经压碎后,成为各种粗细不同且具有锐利锋口的磨粒。常用的磨料有刚玉类、碳化硅类和超硬材料。常用的磨料的种类、代号及应用如表8-2-1所列。

表 8-2-1　常用的磨料种类、代号、性能及应用

类别	磨料名称	代号	颜色	特　性	应用范围
刚玉 (氧化物)	棕刚玉	A	棕褐	硬度高、韧性好,磨料切削刃锋利,加工件表面粗糙度较好	磨削碳钢、合金钢、可锻铸铁等
	白刚玉	WA	白色	硬度较棕刚玉高、韧性较棕刚玉差,磨削力和磨削热较小	磨削淬硬钢、高速钢等
	铬刚玉	PA	粉红	韧性好,磨料切削刃锋利,加工件表面粗糙度较好	适用于各种淬硬钢的精磨
	单晶刚玉	SA	浅灰 浅黄	切削刃硬度高,韧性大,切削能力强	磨削韧性好的材料,如不锈钢
	微晶刚玉	MA	棕黑	韧性和硬度高的小晶体集合而成,切削刃较多	磨削不锈钢、轴承钢等较难磨的材料
碳化物类	黑碳化硅	C	黑色深蓝	硬度高、韧性小,切削刃锋利,导热性好	磨削铸铁、黄铜、青铜及非金属材料
	绿碳化硅	GC	绿色	强度高,刃口锋利,导热性好	磨削硬质合金、钛合金、光学玻璃等硬质材料
高硬度类	人造金刚石	SD	无色透明 淡黄 淡绿	硬度极高,摩擦因数小,摩擦性能好	磨削硬质合金、光学玻璃等硬质材料
	立方氮化硼	LD	棕黑色	硬度好,化学稳定性好,颗粒棱角锋利	磨削高硬度、高韧性的材料

2. 粒度

粒度是指磨料颗粒的大小。它分为磨粒与微粉两组:粒度用筛选法分类,以刚能通过的那一号筛网的网号来表示,粒度号越大,磨粒越细。微粉是按显微测量法实际量到的尺寸分类,在磨粒尺寸前加 W 来表示,用此方法表示的粒度号越小,磨粒越细。一般粗磨或磨削质软、塑性大的材料用粗粒度,精磨或磨削质硬、脆性材料宜用细粒度。

3. 结合剂

结合剂是砂轮中用来粘接磨粒的物质。结合剂的种类和性质决定了砂轮的强度、耐热性、耐冲击性及耐腐蚀性等性能。结合剂对磨削温度和表面粗糙度也有影响。常用的结合剂有陶瓷结合剂(代号为 V)、树脂结合剂(代号为 B)和橡胶结合剂(代号为 R)。陶瓷结合剂由于耐热、耐水、耐油、耐酸碱腐蚀且强度大,应用范围最广。

4. 硬度

砂轮硬度是指磨料在外力作用下脱落砂轮本体的难易程度。如果磨粒易脱落,则砂轮的硬度低;反之,则砂轮的硬度高。砂轮的硬度与磨料的硬度是两个不同的概念,砂轮的硬度取决于结合剂的性能。一般磨削硬材料工件应选用软砂轮,可使磨钝的磨粒及时脱落,及时露出具有尖锐棱角的新磨粒,有利于切削顺利进行,还可防止磨削温度过高"烧伤"工件;反之,磨削软材料工件则应选用硬砂轮。精密磨削应使用软砂轮。砂轮硬度代号以英文字母表示,字母顺序越大,砂轮硬度越高。《磨具代号》(GB 2484—94)对磨具硬度由软至硬按 A、B、C、D、E、F、G、H、J、K、L、M、N、P、Q、R、S、T、Y 分为 19 级。

5. 组织

砂轮的组织是指砂轮内部结构的疏密程度。它反映了磨粒、结合剂和气孔三者之间的体积比例。砂轮组织分为紧密(0~4)、中等(5~8)和疏松(9~14)三大类 15 级,以阿拉伯数字 0~14 表示,级号越大磨粒所占的体积百分比越小,砂轮组织越松。0 号组织中磨粒体积占砂轮体积的百分比(磨粒率)为 62%,以后按 2% 依次递减。

5 级和 6 级中等组织的砂轮最常用;精密磨削应选用紧密组织的砂轮;磨削较软的材料应选用疏松组织的砂轮;粗磨时应选用疏松组织的砂轮,磨削硬度低、韧性大的材料应选用疏松组织的砂轮,砂轮与工件接触面积大应选用疏松组织的砂轮。

6. 强度

强度是指砂轮克服惯性力的作用,抵抗破碎的能力。由于惯性力与砂轮圆周速度的平方成正比,因此砂轮的强度通常用最高工作速度表示。《磨具安全规则》GB/T 2494—1995 规定了磨具的最高工作速度。

7. 形状与尺寸

为了适应磨削各种形状和尺寸的工件,砂轮可制成各种不同形状和尺寸。表 8-2-2 所列为常用砂轮的形状、代号。

表 8-2-2　常用砂轮的形状、代号

砂轮名称	代号	简　图	主要用途
平形砂轮	1		用于磨外圆、内圆、平面、螺纹及无心磨等
双斜边形砂轮	4		用于磨削齿轮和螺纹
薄片砂轮	41		主要用于切断和开槽等

（续）

砂轮名称	代号	简 图	主要用途
筒形砂轮	2		用于立轴端面磨
杯形砂轮	6		用于磨平面、内圆及刃磨刀具
碗形砂轮	11		用于导轨磨及刃磨刀具
碟形砂轮	12a		用于磨铣刀、铰刀、拉刀等,大尺寸的用于磨齿轮端面

8.2.2 砂轮标记和选用

1. 砂轮标记

为了方便选用,在砂轮的非工作表面通常印有砂轮的特性代号,按 GB/T 2485—1994 规定,砂轮标志顺序为形状代号、尺寸、磨料、粒度号、硬度、组织号、结合剂、允许磨削速度,如代号 1-300×50×75-A60L5V-35

表示:平形砂轮、外径 300mm、厚度 50mm、孔径 75mm、棕刚玉磨料、粒度 60 号、硬度为 L、5 号组织、陶瓷结合剂、最高工作速度为 35m/s。

2. 砂轮的选用

选用砂轮时,应综合考虑工件的形状、材料性质及磨床条件等各种因素。具体可参考表 8-2-3。

表 8-2-3 砂轮的选用

磨削条件	粒度		硬度		组织		结合剂		
	粗	细	软	硬	松	紧	V	B	B
外圆磨削				●			●		
内圆磨削			●				●		
平面磨削			●				●		
无心磨削				●			●		
粗磨、打磨毛刺	●			●					
精密磨削		●		●		●	●	●	
高精密磨削		●		●		●	●	●	
超精密磨削		●		●		●	●	●	
镜面磨削		●	●			●		●	
高速磨削		●		●					

8.2.3 砂轮的安装和修整

1. 砂轮的检查

由于砂轮在高速下工作,安装前必须首先进行外观检查和裂纹检查,防止高速旋转时因砂轮破裂而导致安全事故。检查裂纹时,可用绳索穿过砂轮内孔,吊起悬空,再用木锤轻敲其侧面。如果声音清脆,说明砂轮没有裂纹,可以使用;如果声音破哑,说明砂轮有裂纹,禁止使用。

2. 砂轮的平衡

由于制造误差和安装误差,砂轮的重心与其旋转中心往往不重合,从而导致砂轮不平衡。砂轮高速旋转时因不平衡而引起的惯性力,会造成砂轮在高速旋转时产生振动,轻则影响加工质量,重则导致砂轮破裂。因此,在安装前还必须对砂轮进行静平衡试验。

如图8-2-2所示。将砂轮装在法兰盘上后,将法兰盘套在心轴2上,再放在平衡架6的导轨5的刀口上。如果不平衡,较重的部分总是转到下面,可通过移动法兰盘端面环形槽内的平衡块4的位置,调整砂轮的重心进行平衡,反复进行,直到砂轮可在导轨上任意位置都能静止,此时砂轮达到静平衡。

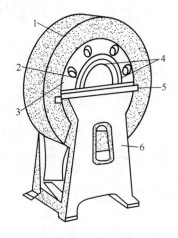

图8-2-2 砂轮的平衡

1—砂轮;2—心轴;3—法兰盘;4—平衡块;5—导轨;6—平衡架。

安装新砂轮时,要进行两次静平衡。第一次静平衡后,装上磨床用金刚石笔对其外形进行修整,然后卸下砂轮,再进行一次静平衡。

3. 安装砂轮

直径较大的砂轮,一般采用法兰盘安装,如图8-2-3所示。法兰盘底盘和压盘的直径必须相同,且不小于砂轮外径的1/3,砂轮与法兰之间应垫上0.5~3mm厚的弹性材料,如皮革、耐油橡胶等弹性垫片,砂轮内孔与法兰盘之间留有适当间隙,避免磨削时因主轴受热膨胀而将砂轮胀裂。紧固时螺母不能拧得过紧,以保证砂轮受力均匀,不致压裂。直径较小的砂轮一般用粘接剂紧固。

4. 修整

砂轮在工作一定时间后,工作表面的磨粒将逐渐变钝(微刃不再锋利),磨屑将砂轮

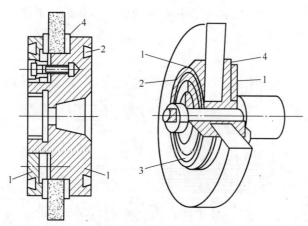

图 8-2-3　砂轮的安装

1—法兰盘；2—环形槽；3—平衡块；4—弹性垫片。

表面空隙堵塞,磨粒所受切削抗力随之增大,这时必须进行修整。修整砂轮通常用金刚石笔进行,利用高硬度的金刚石将砂轮表层变钝的磨粒及磨屑清除掉,使砂轮重新露出完整、锋利的磨粒,恢复砂轮的切削能力,并校正砂轮的外形。修整时,应使用大量的切削液,避免金刚石因温度急剧升高而破裂。

8.3　常用磨削机床

8.3.1　磨床类型与型号

　　磨床有外圆磨床、内圆磨床、平面磨床、齿轮磨床、导轨磨床、无心磨床、工具磨床等。外圆磨床和平面磨床最常用。磨床型号的表示可见《金属切削机床型号编制方法》(GB/T 15375—2008),编号如表 8-3-1 所列。

表 8-3-1　常用磨床编号

类		组		系			主参数
代号	名称	代号	名称	代号	名称	折算系数	名称
M	磨床	1	外圆磨床	4	万能外圆磨床	1/10	最大磨削直径
		2	内圆磨床	1	内圆磨床基型	1/10	最大磨削孔径
		7	平面磨床	1	卧轴矩台平面磨床	1/10	工作台面宽度

8.3.2　万能外圆磨床

1. 万能外圆磨床的结构

　　由于万能外圆磨床的砂轮架、头架和工作台上都装有转盘,能回转一定的角度,且增加了内圆磨具附件,所以万能外圆磨床可以加工工件的外圆柱面、外圆锥面、内圆柱面、内圆锥面、台阶面和端面。外圆磨床主要由床身、头架、工作台、砂轮架、内圆磨头、尾架等部分组成,如图8-3-1所示。

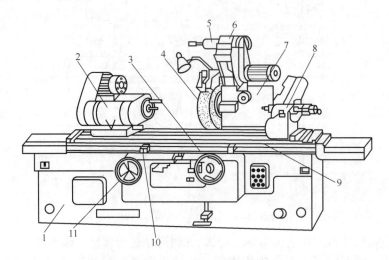

图 8-3-1　万能外圆磨床

1—床身;2—头架;3—横向进给手轮;4—砂轮;5—内圆磨具;6—内圆磨头;7—砂轮架;

8—尾架;9—工作台;10—挡块;11—纵向进给手轮。

(1) 床身。用来支承机床各部件,内部有液压传动系统,上面有纵向导轨和横向导轨,分别为工作台9和砂轮架7的移动导向。上部有工作台和砂轮架等。

(2) 头架。头架安装在上层工作台上。头架内的主轴由单独的电动机经变速机构带动旋转,实现工件的圆周进给运动,可得到6种转速。主轴前端可安装卡盘、顶尖、拨盘等附件,工件可支撑在头架顶尖和尾架顶尖之间,也可用卡盘安装。头架可绕垂直轴线逆时针回转0°~90°。

(3) 工作台:工作台有两层,下层工作台在床身导轨上做纵向直线往复运动,其行程长度可借助挡块位置调节。上层工作台相对下层中心轴线在水平面偏转一定的角度(±8°),以便磨削小锥度圆锥面。工作台的纵向进给运动由床身内的液压传动装置驱动。工作台装有头架和尾架。

(4) 砂轮架。砂轮安装在砂轮架主轴上,由单独的电动机通过皮带传动带动砂轮高速旋转,实现切削主运动。砂轮可在床身后部的导轨上做横向移动,实现砂轮的径向(横向)进给,还可水平旋转±30°,用来磨削较大锥度的圆锥面。进给方法有自动周期进给、快速引进或退出和手动3种,前两种靠液压系统实现。

(5) 内圆磨头。内圆磨头主轴前端可安装内圆砂轮,由单独电动机带动旋转,用以磨削内圆表面。它安装在砂轮架的前上方,不用时可以翻上去,需要磨削孔内表面时翻下来,如图8-3-2所示。

(6) 尾架。安装在上层工作台,可以在工作台上移动,通过调整位置来装夹不同长度的工件。套筒内装有尾顶尖,用于支承工件另一端。后端装有弹簧,主要利用可调节的弹簧力顶紧工件,也可在长工件受磨削的热影响而伸长或弯曲变形时便于装卸工件。装卸工件时,既可采用手动方式,也可采用液动方式使尾座套筒缩回。

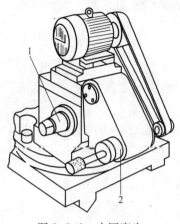

图 8-3-2　内圆磨头
1—砂轮主轴;2—内圆磨头。

2. 内圆磨床

内圆磨床主要用于磨削圆柱孔、圆锥孔及端面等,主要类型有普通内圆磨床、行星式内圆磨床、无心内圆磨床和专门用途的内圆磨床。

普通内圆磨床是最常用的内圆磨床,如图 8-3-3 所示。头架装在工作台上,沿床身的导轨做纵向往复运动。头架的主轴由电动机皮带传动,使夹持在头架主轴卡盘上的工件做圆周进给运动。砂轮架上磨削内孔的砂轮主轴,由电动机经皮带传动。砂轮架沿滑鞍横向进给,可以液压传动,也可以手动。工作台往复运动一次,砂轮架做间歇横向进给一次。磨削时,砂轮轴的旋转为主运动,头架带动工件旋转为圆周进给运动,工作台带动头架移动为纵向进给运动,砂轮架沿滑鞍的横向移动为横向进给运动。头架能够绕竖直轴转动一个角度,以磨削锥孔。

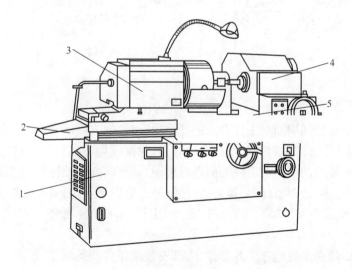

图 8-3-3　普通内圆磨床
1—床身;2—工作台;3—头架;4—砂轮架;5—滑鞍。

普通内圆磨床的自动化程度不高,通常靠工人测量来以控制磨削尺寸,仅适用于单件和小批生产。

3. 平面磨床

平面磨床主要用于磨削工件上的平面。根据工作台形状与砂轮工作面不同,普通平面磨床可分为卧轴矩台式平面磨床、卧轴圆台式平面磨床、立轴回台式平面磨床和立轴矩台式平面磨床4种类型。

根据砂轮工作面不同,平面磨削又分为周磨(图8-3-4)和端磨(图8-3-5)两类。

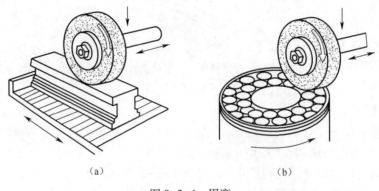

(a)   (b)

图 8-3-4　周磨

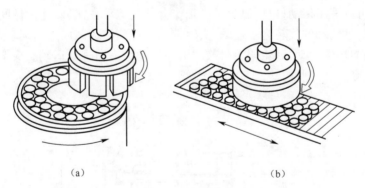

(a)   (b)

图 8-3-5　端磨

周磨是利用砂轮圆周面对工件平面进行磨削,该磨削方式砂轮与工件的接触面积小,磨削力小,磨削热小,冷却条件好,排屑条件好,砂轮磨损均匀。

端磨是利用砂轮的端面对工件平面进行磨削,该磨削方式砂轮与工件的接触面积大,磨削力大,磨削热多,冷却条件差、排屑条件差,砂轮磨损不均匀,工件受热变形大。

图8-3-6所示为M7120A型平面磨床,它由床身、工作台、磨头、立柱、砂轮修整器等部分组成。

(1)床身。床身承载机床的各部件,内部安装液压传动系统。

(2)工作台。矩形工作台装在床身的水平纵向导轨上,由液压传动系统驱动,实现其沿床身导轨做直线往复运动,利用行程挡块自动控制换向,也可用驱动工作台手轮通过机

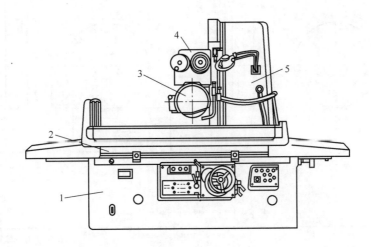

图 8-3-6　M7120A 型平面磨床

1—床身;2—工作台;3—砂轮架;4—滑座;5—立柱。

械传动系统手动操纵往复移动或进行调整工作。工作台上安装有电磁吸盘,用来装夹工件。

（3）砂轮架。砂轮架用于安装砂轮,装有砂轮主轴的磨头可沿床鞍上的水平燕尾导轨移动。磨削时的横向步进进给、调整时的横向连续移动可由液压传动系统实现,也可用横向进给手轮手动操纵。

（4）滑座。砂轮架安装在滑座水平导轨上,可沿滑座水平导轨移动。滑座安装在立柱上,可沿立柱导轨垂直移动。

（5）立柱。立柱侧面有垂直导轨,滑鞍安装在垂直导轨上。

砂轮装在磨头上,由电动机直接带动旋转。磨头沿滑板的水平导轨做横向进给运动。磨头的高低位置调整或垂直进给运动,通过操纵垂直进给升降手轮,床鞍沿立柱的垂直导轨移动来实现。

8.4　磨　削　加　工

8.4.1　外圆磨削

工件的外圆一般在外圆磨床或无心外圆磨床上磨削,也可使用砂带磨床磨削。这里只介绍用万能外圆磨床磨削外圆及磨削斜锥面的方法。

1.磨削运动

磨削加工时,一般有一个主运动和 3 个进给运动。这 4 个运动参数即为磨削用量,如图 8-4-1 所示。磨削用量的选择是否合适,对工件的加工精度、表面粗糙度和生产效率产生直接影响。磨削时应根据工件材料的特性、加工要求等因素选择磨削用量,如表 8-4-1 所列。

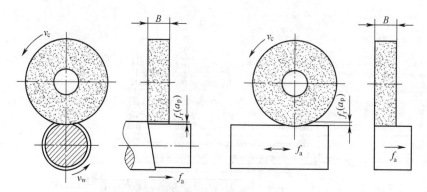

图 8-4-1　磨削运动

表 8-4-1　磨削用量的选择

磨削用量	粗磨	精磨	选择磨削用量原则
纵向进给速度(f_a)	$(0.4\sim0.8)B$	$(0.2\sim0.4)B$	磨削细长件时，a_p 取大些；精磨时磨削用量取小些；反之，取大些
横向进给速度(f_r)	$0.01\sim0.06$	$0.0025\sim0.01$	精磨及磨削细长件、硬件、韧性材料时，a_p 取小些；反之，取大些。
圆周进给速度	$0.3\sim0.5$	$0.08\sim0.3$	磨削细长件、大直径件、硬件、重件、端磨及磨削韧性材料时，a_p 取大些；精磨时，取小些；反之，v_w 取大些
磨削速度	$\leqslant35$		

注：B 为砂轮宽度

1）主运动

主运动是砂轮的高速旋转运动。磨削速度为砂轮外圆周的线速度 v_c（m/s），即

$$v_c = \frac{\pi dn}{1000 \times 60} \quad \text{m/s}$$

式中：d 为砂轮的外径（mm）；n 为砂轮的转速（r/min）。

2）圆周进给运动

圆周进给运动是指工件绕本身轴线做低速旋转的运动。圆周进给速度 v_w（m/s）为工件外圆处的线速度，由头架提供，其表达式为

$$v_w = \frac{\pi d_w n_w}{1000 \times 60}$$

式中：d_w 为工件的外径（mm）；n_w 为工件的转速（r/min）。

3）纵向进给运动

纵向进给运动是指工件沿砂轮轴线方向所做的往复运动。纵向进给量以 f_a（mm/s）表示，即

$$f_a = (0.2\sim0.8)B$$

式中：B 为砂轮的宽度（mm），粗磨时取上限，精磨时取下限。

4）背吃刀量 a_p

对于外圆磨削、内圆磨削、无心磨削而言，背吃刀量又称横向进给量（径向进给量 f_r）。背吃刀量是指切削深度，即工作台每个纵向往复行程终了时，砂轮横向移动的距离。横向进给量大，效率高，但对磨削精度和表面粗糙度不利。通常横向进给量范围是：磨外圆时，粗磨 0.01~0.025mm，精磨 0.005~0.015mm；磨内圆时，粗磨 0.005~0.03mm，精磨 0.002~0.01mm；磨平面时，粗磨 0.015~0.15mm，精磨 0.005~0.015mm。

2. 磨削外圆操作

1）工件的装夹

通常磨削外圆时加工精度要求高，工件装夹是否正确、稳固，将直接影响工件的加工精度和表面粗糙度。有时装夹错误还会造成事故。常用的工件装夹法有以下4种，如图8-4-2所示。

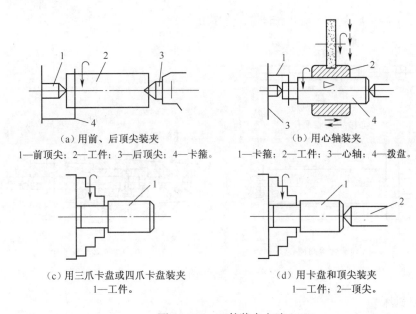

(a) 用前、后顶尖装夹
1—前顶尖；2—工件；3—后顶尖；4—卡箍。

(b) 用心轴装夹
1—卡箍；2—工件；3—心轴；4—拨盘。

(c) 用三爪卡盘或四爪卡盘装夹
1—工件。

(d) 用卡盘和顶尖装夹
1—工件；2—顶尖。

图 8-4-2　工件装夹方法

（1）用前、后顶尖装夹。由于磨床上采用的前、后顶尖都是固定顶尖，尾座顶尖依靠弹簧顶紧工件，工件与顶尖始终保持适当的松紧程度，头架旋转部分的偏摆就不会反映到工件上来，因此用前、后顶尖装夹工件的方法，定位精度高，装夹工件方便。用两顶尖顶住工件两端的中心孔，中心孔应加入润滑脂，工件由头架拨盘、拨杆和夹头带动旋转。常用的夹头有圆形夹头、鸡心夹头、对合夹头和自动夹紧夹头4种，如图8-4-3所示。

（2）用心轴装夹。磨削套筒类零件时，常以内孔为定位基准，将零件套在心轴上，心轴再装夹在磨床的前、后顶尖上。常用的心轴如图8-4-4所示。

（3）用三爪卡盘或四爪卡盘装夹。对于端面上无法打中心孔的短工件，可用三爪卡盘或四爪卡盘装夹。四爪卡盘适于装夹表面不规则工件，但校正定位较费时。

（4）用卡盘和顶尖装夹。当工件较长，一端能打中心孔，另一端不能打中心孔时，可一端用卡盘，另一端用顶尖装夹工件。

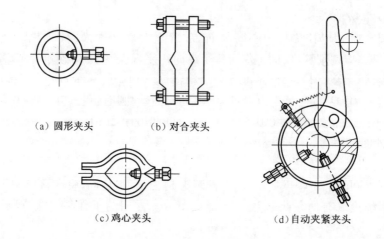

（a）圆形夹头　　　　（b）对合夹头　　　　（c）鸡心夹头　　　　（d）自动夹紧夹头

图 8-4-3　常用的夹头

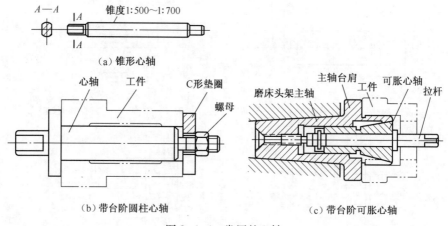

（a）锥形心轴

（b）带台阶圆柱心轴　　　　　　　　（c）带台阶可胀心轴

图 8-4-4　常用的心轴

2）调整机床

根据工件材料的特性、加工要求等因素，选择磨削用量，调整头架主轴转速，调整工作台直线运动速度和行程长度，调整砂轮架进给量。

3）磨削外圆

工件的外圆一般在普通外圆磨床或万能外圆磨床上磨削，在外圆磨床上磨外圆有纵向磨削法、横向磨削法、综合磨削法和深度磨削法等 4 种方法。

（1）纵向磨削法。此法用于磨削长度与直径之比比较大的工件。磨削时砂轮高速旋转，工件低速旋转，并随工作台做纵向往复运动，每个纵向行程或往复行程结束后，砂轮做一次小量的径向进给运动，当工件尺寸达到要求时，再无径向进给而只是纵向往复磨削几次，直至火花消失，停止磨削。纵向磨削法的磨削深度小，磨削力小，磨削温度低，最后几次无径向进给的光磨行程，能消除由于机床、工件、夹具弹性变形而产生的误差，所以磨削精度较高，表面粗糙度小，可用同一砂轮磨削长度不同的各种工件，适合于单件小批量生产和细长轴的精磨，如图 8-4-5 所示。

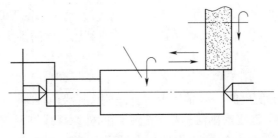

图 8-4-5 适合于单件小批量生产和细长轴的精磨

纵向磨削时,砂轮周边的磨粒工作情况不同,处于纵向进给方向一侧的磨粒担负主要切削工作,其余磨粒起修光(减小表面粗糙度值)作用。因此,砂轮每次径向进给量很小,生产效率低。但是,由于纵向磨削的磨削力小,磨削热少,散热快,最后几次往复行程中无径向进给磨削,因此,可获得较高的加工精度和较小的表面粗糙度值,在生产中应用广泛。

磨削外圆的步骤如下。

① 启动机床油泵电动机、砂轮电动机、快速进退阀。

② 将砂轮快速移近工件,供冷却液。

③ 启动工作台做纵向进给运动,摇动进给手轮,让砂轮轻微接触工件表面。

④ 调整切削深度。先进行试磨,边磨边调整锥度,直至消除锥度误差。

⑤ 粗磨(每次切深为 0.01~0.025mm)。

⑥ 精磨(每次切深为 0.005~0.015mm),至规定尺寸。

⑦ 光磨(无横向进给),直至火花消失。

⑧ 停机。

(2)横向磨削法。此法又称为径向磨削法或切入磨削法。磨削时,采用宽度大于(或等于)待磨表面长度的砂轮连续或间断地以较慢的速度做横向进给运动,工件无纵向进给运动,直至磨掉全部加工余量,如图 8-4-6 所示。

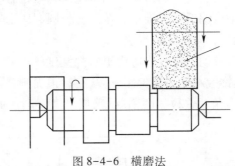

图 8-4-6 横磨法

横向磨削时,砂轮与工件接触长度内的所有磨粒工作情况相同,均起切削作用,因此能充分发挥砂轮的切削能力,生产效率较高。但磨削力和磨削热大,工件易产生变形或烧伤,磨削时应使用大量冷却液。由于工件无纵向进给运动,砂轮表面修整的形态会反映到工件表面,使加工精度降低,表面粗糙度值增大。受砂轮厚度的限制,此法只适用于磨削短工件及不能用纵向进给的工件,如磨削阶梯轴的轴颈和粗磨等。

(3)综合磨削法。此法又称分段综合磨削法,是横向磨削与纵向磨削的综合。磨削时,先用横向磨削分段粗磨,相邻两段间 5~15mm 的重叠量,每段都留下 0.01~0.03mm 的精磨余量,然后再用纵向磨削法精磨到规定的尺寸。此法利用横向磨削生产率高的特点对工件进行粗磨,又利用纵向磨削精度高、表面粗糙度值小的特点对工件精磨,因此既能提高生产率,又能提高磨削质量,适用于磨削余量大、刚度大的工件,但此法磨削长度不宜太长,通常当加工表面长度为砂轮宽度的 2~3 倍以上时,可采用综合磨削法。

（4）深度磨削法。深度磨削法是将砂轮一端的外缘修成锥形或阶梯形,采用较小的圆周进给速度和纵向进给速度,在工作台一次行程中,将工件的加工余量全部磨除,达到加工尺寸要求。此法的生产效率比纵向磨削法高,加工精度比横向磨削法高,缺点是修整砂轮较复杂,所以只适合于对刚性较好的工件进行大批量生产,被加工面两端要留有较大的距离,以方便砂轮的切入和切出,如图 8-4-7 所示。

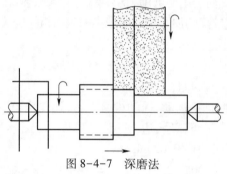

图 8-4-7　深磨法

8.4.2　在万能外圆磨床上磨削锥面

在万能外圆磨床上磨削锥面,工件的装夹方法可参照磨削外圆的装夹方法。

1. 磨外圆锥面

磨外圆锥面与磨外圆的主要区别是工件和砂轮的相对位置不同。磨外圆锥面时,工件轴线必须相对于砂轮轴线偏斜一圆锥角。在万能外圆磨床上磨外圆锥面,有转动工作台法、转动头架法和转动砂轮架法 3 种方法。

（1）转动工作台法。转动工作台法适用于磨削锥度较小、锥面较长的工件。将工件装夹在两顶尖之间,使圆锥大端在前顶尖侧、小端在后顶尖侧,将上工作台相对于下工作台逆时针转动一个圆锥半角（ $\alpha/2$ ）。磨削时,采用纵向磨削法或分段磨削法,从圆锥小端开始试磨,如图 8-4-8 所示。

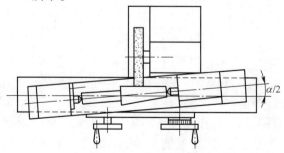

图 8-4-8　转动工作台法磨外圆锥面

（2）转动头架法。转动头架法适用于磨削锥度较大、锥面较短的工件。将工件装夹在头架的卡盘中,头架逆时针转动一个圆锥半角($\alpha/2$),磨削方法同转动工作台法,如图8-4-9所示。

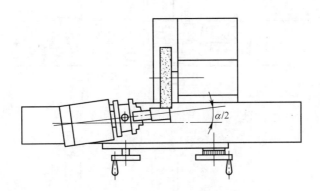

图8-4-9　转动头架法磨外圆锥面

（3）转动砂轮架法。转动砂轮架法适用于磨削锥度较大、锥面较长的工件。将砂轮架偏转一个圆锥半角($\alpha/2$),用砂轮的横向进给进行圆锥面磨削(工作台不允许纵向进给),如果锥面素线长度大于砂轮厚度,则需用分段接刀的方法进行磨削,如图8-4-10所示。

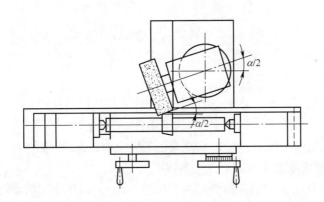

图8-4-10　转动砂轮架磨外圆锥面

2. 磨削内圆锥面

在万能外圆磨床上磨削内圆锥面,有转动工作台法和转动头架法两种方法。

（1）转动工作台法。转动工作台法适用于磨削锥度较小的内圆锥面。磨削时,工作台偏转一个圆锥半角($\alpha/2$),工作台带动工件做纵向往复运动,砂轮做横向进给,如图8-4-11所示。

（2）转动头架法。转动头架法适用于磨削锥度较大的内圆锥面。将头架偏转一个圆锥半角($\alpha/2$),磨削时工作台做纵向往复运动,砂轮做横向进给。此方法也可在内圆磨床上磨削各种锥度的内圆锥面,如图8-4-12所示。

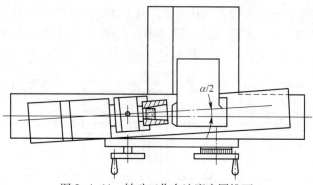

图 8-4-11　转动工作台法磨内圆锥面

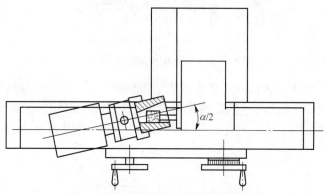

图 8-4-12　转动头架法磨削内圆椎面

8.4.3　磨削内圆

内圆表面的磨削可在内圆磨床或万能外圆磨床上用内圆磨头进行磨削。单件、小批量生产中宜采用在万能外圆磨床上用内圆磨头磨削;大批量生产中宜采用内圆磨床磨削。内圆表面磨削是常用的内孔精加工方法,可以磨削工件上的通孔、不通孔、阶台孔及端面等。

1. 在万能外圆磨床上用内圆磨头磨削内圆

在万能外圆磨床上能够磨削内圆。与磨削外圆相比,由于使用的砂轮直径较小,尽管它的转速很高,但磨削速度仍大大低于外圆磨削,使工件表面质量不易提高。再加上磨削热大,散热及排屑困难,工件易发热变形,砂轮易堵塞,所以生产效率低。此外,由于砂轮轴细而长,刚性较差,磨削时易产生弯曲变形和振动,因此加工精度较低,如图 8-4-13所示。

(1)工件的装夹。在万能外圆磨床上磨削圆柱体内圆,短工件用三爪卡盘或四爪卡盘找正安装,长工件的装夹方法有两种:一种是一端用卡盘夹紧,一端用中心架支承,如图 8-4-14(a)所示;另一种是用 V 形夹具装夹,如图 8-4-14(b)所示。

(2)磨内孔的方法。磨削内孔与磨削外圆的方法相似,只是砂轮的旋转方向相反,如图 8-4-14 所示。一般采用纵向磨法和切入磨法两种方法。砂轮在孔中的接触位置有两种:一种是与工件孔的后面接触,如图 8-4-15(a)所示,此时切削液和磨屑向下飞溅,不

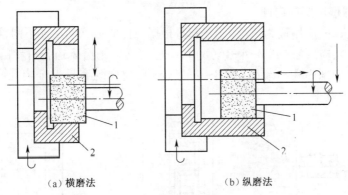

（a）横磨法　　　　　　　　（b）纵磨法

图 8-4-13　磨削内孔

1—砂轮；2—工件。

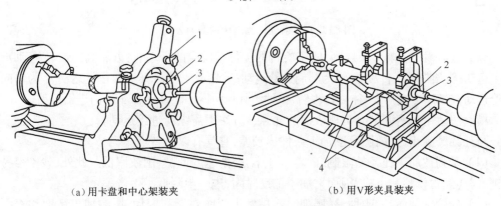

（a）用卡盘和中心架装夹　　　　　　（b）用 V 形夹具装夹

图 8-4-14　工件磨内孔时的装夹

1—中心架；2—工件；3—砂轮；4—V 形夹具。

影响操作者的视线和安全；另一种是与工件孔的前面接触如图 8-4-15(b)所示，与后面接触恰好相反。通常在内圆磨削时采用后面接触，但在万能外圆磨床上磨削内圆应采用前面接触式，这样可采用自动横向进给；否则只能手动横向进给。

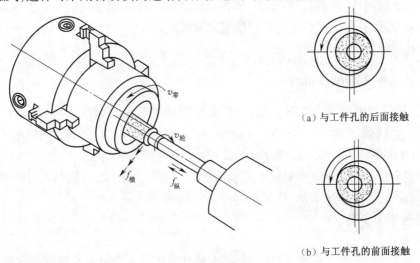

（a）与工件孔的后面接触

（b）与工件孔的前面接触

图 8-4-15　磨内圆

173

2. 普通内圆磨床磨削内圆

普通内圆磨床的应用最为广泛。磨削时,根据工件的形状和尺寸不同,可采用纵磨法(图 8-4-16(a))、横磨法(图 8-4-16(b)),一些普通内圆磨床还备有专门的端磨装置,可在一次装夹中磨削内孔和端面(图 8-4-16(c)),这样既容易保证内孔和端面的垂直度,又能提高生产效率。

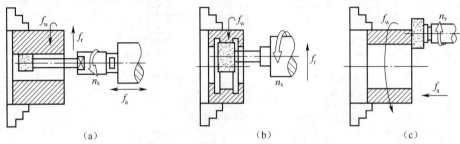

图 8-4-16　普通内圆磨床的磨削方法

纵磨法适用于磨削形状规则、便于旋转的工件。机床的运动有:砂轮高速旋转运动 n_s 为主运动;头架带动工件旋转 f_w 为圆周进给运动;砂轮或工件沿其轴线往复运动 f_a 为纵向进给运动;在每个(或几个)往复行程后,工件沿其径向做一次移动 f_r 为横向进给运动。

横磨法适用于磨削带有沟槽表面的孔。该方法不需纵向进给运动 f_a。

与外圆磨削相比,内圆磨削加工条件比较差,它具有以下特点。

(1)受到被加工孔径的限制,砂轮直径小,磨削速度低,磨削效率低。此外,砂轮容易磨钝,需要经常修整和更换,因而增加了辅助时间,进一步降低了生产率。

(2)砂轮轴细而长,刚性差,磨削时容易发生弯曲变形和振动,影响加工精度和表面粗糙度。内圆磨削精度范围为 IT8~IT6,表面粗糙度 $Ra = 0.8~0.2\mu m$。

(3)切削液不易进入磨削区,散热及排屑困难。

与外圆磨削相比,尽管加工条件差,内圆磨削仍然是一种常用的精加工孔的方法,特别适用于淬硬的孔、断续表面的孔(带键槽或花键槽的孔)和长度较短的精密孔加工。内圆磨削能够磨削圆柱孔(通孔、盲孔、阶梯孔)、圆锥孔及孔端面等。磨孔既能保证孔的尺寸精度和表面质量,还能提高孔的位置精度和轴线的直线度。使用同一砂轮,可以磨削不同直径的孔,灵活性大。

8.4.4　平面磨削及操作

磨削平面一般使用平面磨床。磨削时,磨削用量由砂轮的旋转运动 v_c(m/s) 即主运动、工作台提供的工件直线运动 v_w(m/s) 即纵向进给运动、砂轮的横向进给运动 $f_横$(mm/r) 和砂轮的垂直进给运动 $f_垂$(mm/r) 4 个运动参数组成。

卧轴矩台式平面磨床或卧轴式平面磨床的磨削属圆周磨削,砂轮与工件的接触面积小,生产效率低,但磨削区散热、排屑条件好,磨削精度高。

1. 磨削平面步骤

1)装夹工件

通常采用电磁吸盘来安装工件。对于钢、铸铁等磁性工件可以直接吸在电磁吸盘上,对于铜、铝等非磁性工件或不能直接吸在电磁吸盘上的工件,可使用精密平口钳或其他夹具装夹后,再吸在电磁吸盘上。

2)调整机床

根据工件的材料特性、加工技术要求等因素选择磨削用量,调整工作台直线运动速度和行程长度,调整砂轮架横向进给量。

3)磨削

启动机床,让砂轮轻微接触工件表面,调整切削深度,磨削工件至规定尺寸。

4)停车

5)测量工件尺寸,退磁,取下工件

2. 卧轴矩台平面磨床磨削平面的主要方法

(1)横向磨削法。见图 8-4-17,横向磨削法适用于磨削长而宽的平面,也适用于相同小件按序排列,作集合磨削,是最常用的平面磨削方法。

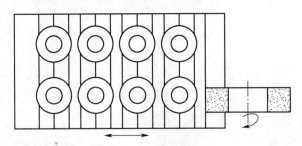

图 8-4-17 横向磨削法

程序是:①当工作台纵向行程终了时,砂轮主轴做一次横向进给运动;②待工件表面上第一层金属磨去后,砂轮再按预选磨削深度做一次垂直进给运动;③重复上述过程,逐层磨削,直至切除全部磨削余量。

(2)深度磨削法。见图 8-4-18,深度磨削法仅适用于在刚性好、动力大的磨床上磨削平面尺寸较大的工件。

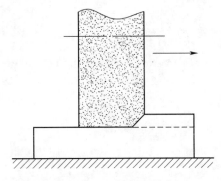

图 8-4-18 深度磨削法

程序是:①粗磨,粗磨时纵向移动速度很慢,横向进给量很大,为砂轮厚度的 3/4~4/5,将余量一次磨去;②用横向磨削法精磨。

深度磨削法垂直进给次数少,生产效率高,但磨削抗力大。

（3）阶梯磨削法。见图 8-4-19,阶梯磨削法是将砂轮厚度的前一半修成几个台阶,粗磨由这几个台阶分别承担,精磨由砂轮厚度的后一半承担。由于磨削余量被分配在砂轮的各个台阶的圆周面上,磨削负荷及磨损由各段圆周表面分担,能充分发挥砂轮的磨削性能,此方法的生产效率高。缺点是:磨削时横向进给量不能过大;砂轮修整麻烦,其应用受到一定限制。

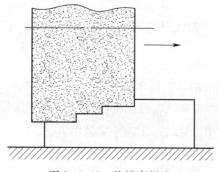

图 8-4-19　阶梯磨削法

第9章
先进制造技术

先进制造技术(Advanced Manufacturing Technology, AMT)概念源于 20 世纪 80 年代, 它是指在传统制造技术基础上不断吸收机械、电子、信息(计算机与通信、控制理论、人工智能等)、能源、材料以及现代管理技术等方面的成果, 并将其综合应用于产品设计、制造、检测、管理、销售、使用、服务乃至回收的全过程, 以实现优质、高效、低耗、清洁、灵活生产, 提高对动态多变市场的适应能力和竞争能力, 并取得理想经济效果的制造技术总称。先进制造技术的产生不仅是科学技术范畴的事情, 而且也是人类历史发展和文明进步的必然结果。无论是发达国家还是发展中国家, 都将制造业的发展作为提高竞争力、振兴国家经济的战略手段来看。先进制造技术从 20 世纪初走上科学发展的道路, 急剧地改变了现代制造业的产品结构、生产方式、生产工业和设备及生产组织体系, 使现代制造业成为发展快、技术创新能力强、技术密集甚至是知识密集型产业, 而计算机网络技术已经对制造业产生了重大影响。

9.1　加　工　中　心

加工中心(Machining Center)又称多工序自动换刀数控机床, 一般是指具备有刀库和自动换刀装置的数控机床, 是典型的集高新技术于一体的机械加工设备, 它的发展代表了一个国家设计、制造水平, 因此在世界各国都受到高度重视。加工中心可以使工件在一次装夹后, 使用多把刀具连续对工件的多个加工表面进行铣削、车削、钻孔、扩孔、铰孔、镗孔和攻螺纹等多种工序的加工, 并且在加工中实现自动选择和更换刀具, 或者通过自动交换工作台更换工件以及改变机床的切削参数等。加工中心由于具有自动换刀能力, 减少了工件的装夹、测量和机床调整等时间, 使机床的切削时间达到机床开动时间的 80% 左右, 而普通机床的时间利用率只有 15%~20%, 同时由于减少了工序之间的工件周转、搬运和存放时间, 所以极大地缩短了生产周期, 产生了良好的经济效益, 但是并不是所有的零件都适用于在加工中心生产, 加工中心主要用于生产形状比较复杂且精度要求较高的零件, 如箱体、具有型腔的复杂型面模具。

在实际应用中以加工棱柱体类工件为主的镗、铣加工中心和以加工回转体类工件为主的车削加工中心最为多见。第一台加工中心是 1958 年由美国卡尼-特雷克公司首先研制成功的,它在数控卧式镗铣床的基础上增加了自动换刀装置,从而实现了工件一次装夹后即可进行铣削、钻削、镗削、铰削、攻螺纹等多种工序的集中加工,自 20 世纪 70 年代以来,加工中心得到迅速发展,出现了可换主轴箱加工中心,它备有多个可以自动更换的装有刀具的多轴主轴箱,能对工件同时进行多孔加工,这种多工序集中加工的形式也扩展到其他类型数控机床,如车削中心,它是在数控车床上配置多个自动换刀装置,能控制 3 个以上的坐标,除车削外,主轴可以停转或分度,而由刀具旋转进行铣削、钻削、铰孔、攻螺纹等工序,适于箱体、壳体以及各类复杂零件特殊曲线和曲面轮廓的多工序加工。

1. 加工中心分类

根据加工中心的结构和功能,有以下几种分类形式。

1)镗铣加工中心

镗铣加工中心是机械加工行业应用最多的一类加工设备,其加工范围主要是铣削、钻削和镗削,适用于箱体、壳体以及各类复杂零件特殊曲线和曲面轮廓的多工序加工,适用于多品种小批量加工。

2)钻削加工中心

钻削加工中心的加工以钻削为主,刀库形式以转塔头为多;适用于中小零件的钻孔、扩孔、铰孔、攻螺纹等多工序加工。

3)车削加工中心

车削加工中心以车削为主,主体是数控车床,机床上配备有转塔式刀库或由换刀机械手和链式刀库组成的刀库;机床数控系统多为二、三轴伺轴配置,即 Y、Z、C 轴,部分高性能车削中心配备有铣削动力头。

4)复合加工中心

它是指在一台加工中心上有立、卧两个主轴或主轴可 90° 改变角度,即由立式改为卧式,或由卧式改为立式,在一台设备上可以完成车、铣、镗、钻等多工序,可代替多台机床实现多工序加工。这种方式既能减少装卸时间提高生产效率,又能保证和提高形位精度。

2. 加工中心机械结构构成

典型加工中心的机械结构主要有基础支承件、加工中心主轴系统、进给传动系统、工作台交换系统、回转工作台、刀库及自动换刀装置以及其他机械功能部件组成。图 9-1-1 所示为 H400 加工中心结构。

加工中心基础支承件是指床身、立柱、横梁、工作台、底座等结构件,它构成了机床的基本框架。基础支承件对加工中心各部件起支承和导向作用,因而要求基础支承件具有较高的刚性、较高的固有频率和较大的阻尼。

主轴系统为加工中心的主要组成部分,它由主轴电动机、主轴传动系统以及主轴组件组成。和常规机床主轴系统相比,加工中心主轴系统要具有更高的转速、更高的回转精度以及更高的结构刚性和抗振性。加工中心进给驱动机械系统直接实现直线或旋转运动的进给和定位,对加工的精度和质量影响很大,因此对加工中心进给系统的要求是运动精度、运动稳定性和快速响应能力。

回转工作台根据工作要求通常分成两种类型,即数控转台和分度转台。数控转台在

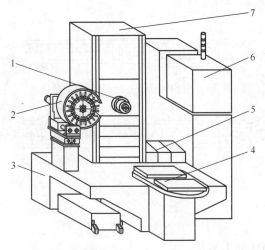

图 9-1-1　加工中心结构

1—主轴系统；2—刀库；3—床身；4—工作台交换系统；

5—进给系统；6—控制系统；7—立柱。

加工过程中参与切削,相当于进给运动坐标轴;分度转台只完成分度运动,主要要求分度精度和在切削力作用下位置保持不变。

　　为了在一次安装后能尽可能多地完成同一工件不同部位的加工要求,并尽可能减少加工中心的非故障停机时间,数控加工中心通常具有自动换刀装置、刀库和自动托盘交换装置。刀库种类很多,容量从几把到几百把不等,常见的有盘式和链式两类自动换刀装置,盘形刀库如图 9-1-2 所示,为最常用的一种刀库类型,其结构紧凑,一般安装在机床立柱的顶面或侧面,刀库中的每一刀座均可存放一把刀具,盘形刀库的储存量一般为15~60 把,盘形刀库的种类很多,最常见的是斗笠式,也有鼓轮弹仓式(又称刺猬式)刀库、多层盘形刀库等,图 9-1-3 所示为链式刀库类型。

图 9-1-2　盘形刀库

　　其他机械功能部件主要指冷却、润滑、排屑和监控装置。由于加工中心生产效率极高,并可长时间实现自动化加工,因而冷却、润滑、排屑等问题比常规机床更为突出。大切削量的加工需要强力冷却和及时排屑。大量冷却和润滑液的作用还对系统的密封和泄漏

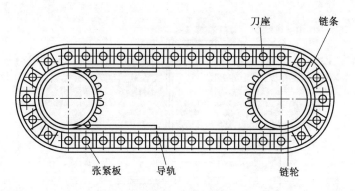

图 9-1-3 链式刀库

提出更高的要求,从而导致半封闭、全封闭结构机床的实现。

3. 加工中心零、部件加工方法

1）合理工艺分析

由于加工中心进行零件加工的工序较多,使用的刀具种类多,需要对加工的零部件进行工艺分析,往往在一次装夹下,要完成粗加工、半精加工和精加工的全部工序,所以在进行工艺分析时,要从加工精度和加工效率两个方面来考虑,理想的加工工艺不仅能保证加工工件合格,而且使加工中心的功能得到合理的应用和充分发挥。

2）换刀空间充足

因为刀库中刀具的直径和长度不可能相同,自动换刀时要注意避免与工件相撞,换刀位置宜设在远离工件的机床原点或机床参考点。

3）正确安装刀具

根据加工工艺,按各个工序的先后顺序,合理地把预测好直径、装卡长度的刀具按顺序装备在刀具库中,保证每把刀具安装在主轴上之后,一次完成所需的全部加工,避免二次重复选用。编程人员应将所用刀具详细填写刀具卡片,以便机床操作人员在程序运行前,根据实际加工状况及时修改刀具补偿参数。

4）正确编写加工程序

首先要进行数值计算,根据加工工艺,按各个工序的先后顺序,利用加工中心常用指令代码合理地编写工艺程序。

5）加工程序应便于检查和调试

在编写加工程序单时,可将各个不同的工序写成不同的子程序,主程序主要完成换刀和子程序的调用。这样便于每一道工序独立进行程序调试,也便于因加工顺序不合理而做出重新调整。

6）校验加工程序

对编制好的加工程序要进行检查校验,可由机床操作人员选用"试运行"开关进行。主要检查刀具、夹具、工件之间是否发生干涉碰撞,加工切削是否到位等。

例 9-1 编制图 9-4 所示零件的程序,零件上 4 个方槽的尺寸、形状相同,槽深 2mm,槽宽 102mm,未注圆角半径为 $R5$,设起刀点为(0, 0, 200)。

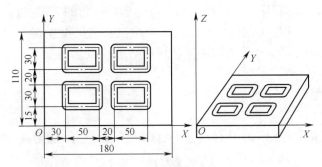

图 9-4 加工零件

```
O1 (MAIN_PROGRAMM);              主程序
N01 G90 G92 X0 Y0 Z200;         设置起刀点的位置
N02 G00 X30. Y15. Z5.;          快速移至第一切削点上方
N03 G91 S600 M03;               相对坐标,主轴正转600r/min
N004 M98 P10;                   调用子程序10
O10 (SUB_PROGRAMM);             子程序10
N1  G01  Z-7. F50;
N2  X50. F150;
N3  Y30.;
N4  X-50.;
N5  Y-30.;
N6  G00 Z7;
N7  M99
N05 G00  X70.;
N06 M98 P10.;
N07  G00 X-70. Y50.;
N08  M98 P10;
N09  G00  X70.;
N010 M98 P10.;
N011   M05;
N012 G90 G00 X0 Y0 Z200;
N013 M02
```

9.2 数控车削加工

传统的机械加工都是用手工操作普通机床作业的,加工时用手摇动机械刀具切削金属,靠眼睛用卡尺等工具测量产品精度的。通过对普通车床的改造,使用计算机数字化控制的车床进行作业,数控车床可以按照技术人员事先编好的程序自动对任何产品和零部件直接进行加工。与普通车床相比,加工效率和加工精度更高,可加工的零件形状更复杂,加工工件的一致性更好,可以胜任普通车床无法加工的、具有复杂曲面的高精度零件。数控车床加工工艺、所用刀具等与普通车床同出一源,但不同的是数控车床的加工过程是按预先编制好的程序,在计算机的控制下自动执行的,普通机床的加工工艺是由操作者操控机床一步一步实现的,数控机床的加工工艺是预先在所编制的程序中体现的,由机床自动实现,因此合理的加工工艺对提高数控机床的加工效率和加工精度至关重要。

1. 数控车床组成

1)基本组件

(1)主机,它是数控机床的主体,包括机床身、立柱、主轴、进给机构等机械部件,是用于完成各种切削加工的机械部件。

(2)数控装置,它是数控机床的核心,包括硬件(印制电路板、CRT 显示器、键盒、纸带阅读机等)以及相应的软件,用于输入数字化的零件程序,并完成输入信息的存储、数据的变换、插补运算以及实现各种控制功能。

(3)驱动装置,它是数控机床执行机构的驱动部件,包括主轴驱动单元、进给单元、主轴电机及进给电机等。它在数控装置的控制下通过电气或电液伺服系统实现主轴和进给驱动。当几个进给联动时,可以完成定位、直线、平面曲线和空间曲线的加工。

(4)辅助装置,指数控机床的一些必要的配套部件,用以保证数控机床的运行,如冷却、排屑、润滑、照明、监测等。它包括液压和气动装置、排屑装置、交换工作台、数控转台和数控分度头,还包括刀具及监控检测装置等。

(5)编程及其他附属设备,可用来在机外进行零件的程序编制、存储等。

2)液压卡盘和液压尾架

液压卡盘是数控车削加工时夹紧工件的重要附件,对一般回转类零件可采用普通液压卡盘;对零件被夹持部位不是圆柱形的零件,则需要采用专用卡盘;用棒料直接加工零件时需要采用弹簧卡盘。对轴向尺寸和径向尺寸的比值较大的零件,需要采用安装在液压尾架上的活顶尖对零件尾端进行支撑,才能保证对零件进行正确的加工。尾架有普通液压尾架和可编程液压尾架。

3)数控车床的刀架

数控车床可以配备两种刀架。

(1)专用刀架。由车床生产厂商自己开发,所使用的刀柄也是专用的。这种刀架的优点是制造成本低,但缺乏通用性。

(2)通用刀架。根据一定的通用标准(如 VDI,德国工程师协会判定)而生产的刀架,数控车床生产厂商可以根据数控车床的功能要求进行选择配置。

4)数控车床的刀具

在数控车床或车削加工中心上车削零件时,应根据车床的刀架结构和可以安装刀具的数量,合理、科学地安排刀具在刀架上的位置,并注意避免刀具在静止和工作时,刀具与机床、刀具与工件以及刀具相互之间的干涉现象。

2. 数控车床分类

根据数控车床形式,可分为立式数控车床和卧式数控车床两种类型。

(1)立式数控车床。车床主轴垂直于水平面,并有一个直径很大的圆形工作台,供装夹工件用。这类机床主要用于加工径向尺寸大、轴向尺寸相对较小的大型盘类复杂零件。

（2）卧式数控车床。卧式数控车床又分为数控水平导轨卧式车床和数控倾斜导轨卧式车床。倾斜导轨结构可以使车床具有更大的刚性,并易于排除切屑。卧式数控车床用于轴向尺寸较长或小型盘类零件的车削加工。相对而言,卧式数控车床因结构形式多,加工功能丰富而应用广泛,按功能卧式数控车床可进一步分为经济型数控车床、普通数控车床和车削加工中心。

① 经济型数控车床。采用步进电动机和单片机对普通车床的车削进给系统进行改造后形成的简易型数控车床。其成本较低,自动化程度和功能都比较差,车削加工精度也不高,适用于要求不高的回转类零件的车削加工。

② 普通数控车床。根据车削加工要求在结构上进行专门设计,配备通用数控系统而形成的数控车床。数控系统功能强,自动化程度和加工精度也比较高,适用于一般回转类零件的车削加工。这种数控车床可同时控制两个坐标轴,即 X 轴和 Z 轴。

③ 车削加工中心。在普通数控车床的基础上,增加了 C 轴和动力头,更高级的机床还带有刀库,可控制 X、Z 和 C 3 个坐标轴,联动控制轴可以是 $(X、Z)$、$(X、C)$ 或 $(Z、C)$。由于增加了 C 轴和铣削动力头,这种数控车床的加工功能大大增强,除可以进行一般车削外,还可以进行径向和轴向铣削、曲面铣削、中心线不在零件回转中心的孔和径向孔的钻削等加工。

3. 数控车削的加工特点

数控车削是数控加工中使用最广泛的加工方法之一,同常规加工方法相比,具有以下几方面的特点。

1）加工精度高、通用性好

由于数控机床集机、电等高新技术于一体,加工精度普遍高于普通机床。数控机床的加工过程是由计算机根据预先输入的程序进行控制的,这就避免了因操作者技术水平的差异而引起的产品质量的不同。对于一些具有复杂形状的工件,普通机床几乎不可能完成,而数控机床只要编制较复杂的程序就可以达到目的,必要时还可以用计算机辅助编程或计算机辅助加工。

2）加工能力强、适于多品种小批量零件的加工

在传统的自动或半自动车床上加工一个新零件,一般需要调整机床或机床附件,以使机床适应加工零件的要求;而使用数控车床加工不同形状的零件时只要重新编制或修改加工程序（软件）就可以迅速达到加工要求,大大缩短了更换机床硬件的技术准备时间,因此适用于多品种、单件或小批量加工。

3）具有较高的生产率和较低的加工成本

机床生产率主要是指加工一个零件所需要的时间,其中包括机动时间和辅助时间。数控车床的主轴转速和进给速度变化范围很大,并可无级调速,加工时可选用最佳的切削速度和进给速度,可实现恒转速和恒切速,以使切削参数最优化,这就大大提高了生产率,降低了加工成本,尤其对大批量生产的零件,批量越大加工成本越低。

4）易于建立计算机通信网络

由于数控机床是使用数字信息来控制机床运动的,因此易于与计算机辅助设计和制造（CAD/ CAM）系统连接,形成计算机辅助设计和制造与数控机床紧密结合的一体化

系统。

4. 数控车床加工方法

1）确定加工路线

加工路线是指数控机床加工过程中,刀具相对零件的运动轨迹和方向。

（1）应能保证加工精度和表面粗糙度要求。

（2）应尽量缩短加工路线,减少刀具空行程时间。

2）编译程序代码

数控车床程序可以分成程序开始、程序内容和程序结束三部分内容。

（1）程序开始部分。主要定义程序号,调出零件加工坐标系、加工刀具,启动主轴、打开冷却液等方面的内容。

（2）程序内容部分。程序内容是整个程序的主要部分,由多个程序段组成。每个程序段由若干个字组成,每个字又由地址码和若干个数字组成。常见的为 G 指令和 M 指令以及各个轴的坐标点组成的程序段,并增加了进给量的功能定义。F 功能是指进给速度的功能,数控车床进给速度有两种表达方式,一种是每转进给量,即用 mm/r 单位表示,主要用于车加工的进给。另一种和数控铣床相同,采用每分钟进给量,即用 mm/min 单位表示。主要用于车铣加工中心中铣加工的进给。

（3）程序结尾部分。在程序结尾,需要刀架返回参考点或机床参考点,为下一次换刀的安全位置,同时进行主轴停止,关掉冷却液,程序选择停止或结束程序等动作。

回参考点指令 G28U0 为回 X 轴方向机床参考点,G0 Z300.0 为回 Z 轴方向参考点。

停止指令 M01 为选择停止指令,只有当设备的选择停止开关打开时才有效;M30 为程序结束指令,执行时,冷却液、进给、主轴全部停止。数控程序和数控设备复位并回到加工前原始状态,为下一次程序运行和数控加工重新开始做准备。

3）数控机床程序编制

（1）数控机床编程的方法。数控机床程序编制的方法有 3 种,即手工编程、自动编程和加工中心 CAD/CAM。

① 手工编程。由人工完成零件图样分析、工艺处理、数值计算、书写程序清单直到程序的输入和检验。适用于点位加工或几何形状不太复杂的零件;但是,此方法非常费时且编制复杂零件时容易出错。

② 自动编程。使用计算机或程编机,完成零件程序编制的过程,对于复杂的零件很方便。

③ CAD/CAM。利用 CAD/CAM 软件,实现造型及图像自动编程。最为典型的软件是 Master CAM,其可以完成铣削二坐标、三坐标、四坐标和五坐标、车削、线切割的编程。

（2）数控机床程序编制的内容和步骤。

① 数控机床编程的主要内容。分析零件图样、确定加工工艺过程、进行数学处理、编写程序清单、制作控制介质、进行程序检查、输入程序及工件试切。

② 数控机床编程步骤。

a. 分析零件图样和工艺处理。根据图样对零件的几何形状尺寸,技术要求进行分析,明确加工的内容及要求,决定加工方案、确定加工顺序、设计夹具、选择刀具、确定合理的走刀路线及选择合理的切削用量等。同时还应发挥数控系统的功能和数控机床本身的能力,正确选择对刀点,切入方式,尽量减少换刀、转位等辅助时间。

b. 数学处理。编程前,根据零件的几何特征,先建立一个工件坐标系,零件图的数学处理主要是计算零件加工轨迹的尺寸,即计算零件加工轮廓的基点和节点的坐标,或刀具中心轮廓的基点和节点的坐标,以便编制加工程序。一般数控机床只有直线和圆弧插补功能。对于由直线和圆弧组成的平面轮廓,编程时数值计算的主要任务是求各基点的坐标。数控系统的功能根据零件图纸的要求,制定加工路线,在建立的工件坐标系上,首先计算出刀具的运动轨迹。对于形状比较简单的零件(如直线和圆弧组成的零件),只需计算出几何元素的起点、终点、圆弧的圆心、两几何元素的交点或切点的坐标值。

c. 编写零件程序清单。加工路线和工艺参数确定以后,根据数控系统规定的指定代码及程序段格式,编写零件程序清单。

d. 程序输入。

e. 程序校验与首件试切。

(3) 数控加工程序的结构。

① 程序的构成:由多个程序段组成,例如:

O0001;O(FANUC-O,AB8400-P,SINUMERIK8M-%)机能指定程序号,每个程序号对应一个加工零件

N010 G92 X0 Y0;分号表示程序段结束

N020 G90 G00 X50 Y60;

...;可以调用子程序。

N150 M05;

N160 M02;

② 程序段格式。

a. 字地址格式:如 N020 G90 G00 X50 Y60;

最常用的格式,现代数控机床都采用它。地址 N 为程序段号,地址 G 和数字 90 构成字地址为准备功能等。

b. 可变程序段格式:如 B2000 B3000 B B6000;

使用分隔符 B 隔开各个字,若没有数据,分隔符不能省去。常见于数控线切割机床,另外,还有 3B 编程等格式。

c. 固定顺序程序段格式:如 00701+0;

9.3 数控铣削加工

数控铣床是在普通铣床上集成了数字控制系统,可以在程序代码的控制下较精确地进行铣削加工的机床。在航空航天、汽车制造和模具制造业中应用广泛,在数控机床中所占的比例最大,应用也最为广泛,数控铣床与加工中心的主要区别是数控铣床没有刀库和自动换刀功能,而加工中心具有刀库和自动换刀功能。不同厂家生产的数控铣床和加工中心的编程和操作是类似的,但有一定的区别,具体应用时必须参考机床编程手册和操作

手册。

1. 数控铣床结构

数控铣床主要有两种,即两半轴控制和四坐标的数控。

(1)两半轴控制。这是在普通铣床的基础上对机床的机械传动结构进行简单的改造,并增加简易数控系统后形成的简易型数控铣床,这种数控铣床成本较低,具有三坐标轴、两轴联动的机床,也称两轴半控制,即在 X、Y、Z 3 个坐标轴中,任意两轴都可以联动,加工精度也不高,可以加工平面曲线类和平面型腔类零件。

(2)四坐标的数控。该数控铣床可以三坐标联动,用于各类复杂的平面、曲面和壳体类零件的加工,如各种模具、样板、凸轮和连杆等,数控铣床也能加工有一定位置精度要求的孔系。数控铣床还可以加进一个回转的 A 坐标或 C 坐标,即增加一个数控分度头或数控回转工作台,这时机床的数控系统为四坐标的数控系统,可以用来加工螺旋槽、叶片等立体曲面零件。图 9-3-1 就是这种数控铣床结构组成。

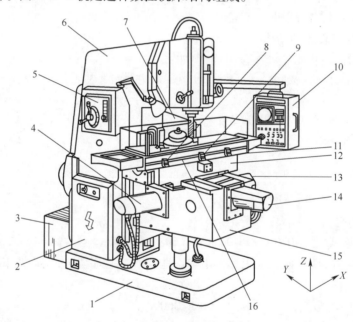

图 9-3-1 数控铣床结构

1—底座;2—强电柜;3—变压器箱;4—垂直伺服电动机;5—主轴变速手柄和按钮板;
6—床身;7—数控柜;8—保护开关;9—纵向参考的挡铁;10—操纵台;11—可控纵向行程硬限位;
12—横向溜板;13—纵向进给伺服电动机;14—横向进给伺服电动机;15—升降台;16—纵向工作台。

2. 数控铣床工件装夹方法

一般来说,数控铣床上工件装夹通常采用 4 种方法。

(1)使用平口虎钳装夹工件。

平口虎钳的固定钳口是装夹工件时的定位元件,通常采用找正固定钳口的位置使平口虎钳在机床上定位,即以固定钳口为基准确定虎钳在工作台上的安装位置。多数情况下要求固定钳口无论是纵向使用还是横向使用,都必须与机床导轨运动方向平行,同时还要求固定钳口的工作面要与工作台面垂直。

（2）用压板、弯板、V 形块、T 形螺栓装夹工件。

使用 T 形槽用螺钉和压板通过机床工作台 T 形槽，可以把工件、夹具或其他机床附件固定在工作台上。

（3）工件通过托盘装夹在工作台上。

（4）用组合夹具、专用夹具等。

加工过程中如需要多次装夹工件，应采用同一组精基准定位（即遵循基准重合原则）；否则，因基准转换，会引起较大的定位误差。因此，尽可能选用零件上的孔为定位基准，如果零件上没有合适的孔作定位用，可以另行加工出工艺孔作为定位基准。

3. 数控铣床主要功能

（1）点位控制功能。数控铣床的点位控制主要用于工件的孔加工，如中心钻定位、钻孔、扩孔、锪孔、铰孔和镗孔等各种孔加工操作。

（2）连续控制功能。通过数控铣床的直线插补、圆弧插补或复杂的曲线插补运动，铣削加工工件的平面和曲面，加工普通机床无法加工或很难加工的零件，如用数学模型描述的复杂曲线零件以及三维空间曲面类零件。

（3）刀具半径补偿功能。如果直接按工件轮廓线编程，在加工工件内轮廓时，实际轮廓线将大了一个刀具半径值；在加工工件外轮廓时，实际轮廓线又小了一个刀具半径值。使用刀具半径补偿的方法，数控系统自动计算刀具中心轨迹，使刀具中心偏离工件轮廓一个刀具半径值，从而加工出符合图纸要求的轮廓。利用刀具半径补偿的功能，改变刀具半径补偿量，还可以补偿刀具磨损量和加工误差，实现对工件的粗加工和精加工。

（4）刀具长度补偿功能。改变刀具长度的补偿量，可以补偿刀具换刀后的长度偏差值，还可以改变切削加工的平面位置，控制刀具的轴向定位精度，加工精度高、加工质量稳定可靠，数控装置的脉冲当量一般为 $0.001\mathrm{mm}$，高精度的数控系统可达 $0.1\mu\mathrm{m}$，另外，数控加工还避免了操作人员的操作失误

（5）固定循环加工功能。应用固定循环加工指令，在更换工件时只需调用存储于数控装置中的加工程序、装夹工具和调整刀具数据即可，因而大大缩短了生产周期。其次，数控铣床具有铣床、镗床、钻床的功能，使工序高度集中，大大提高了生产效率。另外，数控铣床的主轴转速和进给速度都是无级变速的，因此有利于选择最佳切削用量。

（6）子程序功能。如果加工工件形状相同或相似部分，把其编写成子程序，由主程序调用，这样可简化程序结构。引用子程序的功能使加工程序模块化，按加工过程的工序分成若干个模块，分别编写成子程序，由主程序调用，完成对工件的加工。这种模块式的程序便于加工调试，优化加工工艺。

（7）宏程序功能。该功能可用一个总指令代表实现某一功能的一系列指令，并能对变量进行运算，使程序更具灵活性和方便性。

4. 数控铣床的加工范围及加工方法

1）平面类零件

目前在数控铣床上加工的绝大多数零件属于平面类零件。平面类零件的特点是：各个加工面是平面；或加工面与水平面的夹角为一定值的零件，这类加工面可展开为平面。

2）直纹曲面类零件

直纹曲面类零件是指由直线依某种规律移动所产生的曲面类零件。图 9-3-2 所示零件的加工面就是一种直纹曲面，当直纹曲面从截面（1）至截面（2）变化时，其与水平面间的夹角从 3°10′均匀变化为 2°32′，从截面（2）到截面（3）时，又均匀变化为 1°20′，最后到截面（4），斜角均匀变化为 0°。直纹曲面类零件的加工面不能展开为平面。当采用四坐标或五坐标数控铣床加工直纹曲面类零件时，加工面与铣刀圆周接触的瞬间为一条直线。这类零件也可在三坐标数控铣床上采用行切加工法实现近似加工。

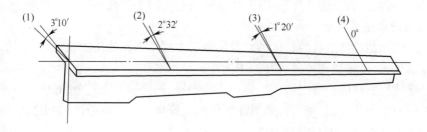

图 9-3-2　直纹曲面

3）立体曲面类零件

加工面为空间曲面的零件称为立体曲面类零件。这类零件的加工面不能展成平面，一般使用球头铣刀切削，加工面与铣刀始终为点接触，若采用其他刀具加工，易于产生干涉而铣伤邻近表面。加工立体曲面类零件一般使用三坐标数控铣床，采用以下两种加工方法。

（1）行切加工法。采用三坐标数控铣床进行二轴半坐标控制加工，即行切加工法。如图 9-3-3 所示，球头铣刀沿 XY 平面的曲线进行直线插补加工，当一段曲线加工完后，沿 X 方向进给 ΔX 再加工相邻的另一曲线，如此依次用平面曲线来逼近整个曲面。相邻两曲线间的距离 ΔX 应根据表面粗糙度的要求及球头铣刀的半径选取。球头铣刀的球半径应尽可能选得大一些，以增加刀具刚度，提高散热性，降低表面粗糙度值。加工凹圆弧时的铣刀球头半径必须小于被加工曲面的最小曲率半径。

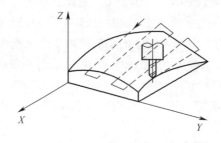

图 9-3-3　行切加工法

（2）三坐标联动加工。采用三坐标数控铣床三轴联动加工，即进行空间直线插补。例如，半球形可用行切加工法加工，也可用三坐标联动的方法加工。这时，数控铣床用 X、Y、Z 三坐标联动的空间直线插补实现球面加工，如图 9-3-4 所示。

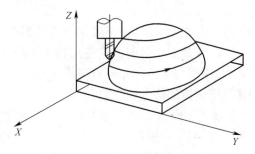

图 9-3-4 三坐标联动加工

9.4 特种加工技术

切削加工方法在机械制造业中长期以来占据难以替代的主导地位,但是随着航空航天、核能、电子及汽车等工业的迅速发展,新材料、新结构不断使用,传统的切削方法已无法满足日益复杂的加工需要。因此,必须开拓新的加工途径和新的加工方法,特种加工就是在这种前提下产生和发展起来的。

9.4.1 3D打印技术

3D打印机,英文"3D Printers",3D打印这个名称是近年来该产品针对民用市场而出现的一个新词,是通俗叫法,其实在专业领域它有其他学术名称即"快速成形技术"(又称快速原型制造技术,Rapid Prototyping Manufacturing,RPM),诞生于20世纪80年代后期,是基于材料堆积法的一种高新制造技术,是一种不再需要传统的刀具、夹具和机床就可以打造出任意形状,而是以数字模型文件为基础,运用粉末状金属或塑料等可粘合材料,通过逐层打印的方式来构造物体的技术。它与普通打印机工作原理基本相同,打印机内装有液体或粉末等"印材料",与计算机连接后,通过计算机控制把"打印材料"一层层叠加起来,最终把计算机上的蓝图变成实物。

1. 工作原理和现状

目前市面上3D打印机主要有两种类型:一种是堆叠法;另一种是烧结。原理基本都是多层分片打印,而堆叠和烧结只是成形技术的区别。堆叠只能成形塑料、硅之类的材质,对固化反应速度有要求,而烧结可以利用激光的高温对金属粉末进行处理,加工出金属材质的东西,整个工艺装置由粉末缸和成形缸组成,工作时粉末缸活塞(送粉活塞)上升,由铺粉辊将粉末在成形缸活塞(工作活塞)上均匀铺上一层,计算机根据原型的切片模型控制激光束的二维扫描轨迹,有选择地烧结固体粉末材料以形成零件的一个层面。粉末完成一层后,工作活塞下降一个层厚,铺粉系统铺上新粉。控制激光束再扫描烧结新层。如此循环往复,层层叠加,直到三维零件成形。最后,将未烧结的粉末回收到粉末缸中,并取出成形件。对于金属粉末激光烧结,在烧结之前,整个工作台被加热至一定温度,可减少成形中的热变形,并利于层与层之间的结合。完成后,要处理掉物品周围沾满的粉末,这是可以循环利用的,再涂上增强硬度的胶水,根据其工作原理,主要分为下面几种打印技术。

（1）3DP 技术。采用 3DP 技术的 3D 打印机使用标准喷墨打印技术，通过将液态连接体铺放在粉末薄层上，以打印横截面数据的方式逐层创建各部件，创建三维实体模型，采用这种技术打印成形的样品模型与实际产品具有同样的色彩，还可以将彩色分析结果直接描绘在模型上，模型样品所传递的信息量较大。

（2）FDM 熔融层积成形技术。FDM 熔融层积成形技术是将丝状的热熔性材料加热熔化，同时三维喷头在计算机的控制下，根据截面轮廓信息，将材料选择性地涂敷在工作台上，快速冷却后形成一层截面。一层成形完成后，机器工作台下降一个高度（即分层厚度）再成形下一层，直至形成整个实体造型。其成形材料种类多，成形件强度高、精度较高，主要适用于成形小塑料件。

（3）SLA 立体平版印制技术。SLA 立体平版印制技术以光敏树脂为原料，通过计算机控制激光按零件的各分层截面信息在液态的光敏树脂表面进行逐点扫描，被扫描区域的树脂薄层产生光聚合反应而固化，形成零件的一个薄层。一层固化完成后，工作台下移一个层厚的距离，然后在原先固化好的树脂表面再敷上一层新的液态树脂，直至得到三维实体模型。该方法成形速度快，自动化程度高，可成形任意复杂形状，尺寸精度高，主要应用于复杂、高精度的精细工件快速成形。

（4）SLS 选区激光烧结技术。SLS 选区激光烧结技术是通过预先在工作台上铺一层粉末材料（金属粉末或非金属粉末），然后让激光在计算机控制下按照界面轮廓信息对实心部分粉末进行烧结，然后不断循环，层层堆积成形。该方法制造工艺简单，材料选择范围广，成本较低，成形速度快，主要应用于铸造业直接制作快速模具。

（5）DLP 激光成形技术。DLP 激光成形技术和 SLA 立体平板印制技术比较相似，不过它是使用高分辨率的数字光处理器（DLP）投影仪来固化液态光聚合物，逐层进行光固化，由于每层固化时通过幻灯片似的片状固化，因此速度比同类型的 SLA 立体平板印制技术速度更快。该技术成形精度高，在材料属性、细节和表面光洁度方面可匹敌注塑成形的耐用塑料部件。

（6）UV 紫外线成形技术。UV 紫外线成形技术和 SLA 立体平板印制技术比较相似，不同的是它利用 UV 紫外线照射液态光敏树脂，一层一层由下而上堆叠成形，成形的过程中没有噪声产生，在同类技术中成形的精度最高，通常应用于精度要求高的珠宝和手机外壳等行业。

2. 应用领域

到目前为止，各类 3D 打印机设备上所使用的材料种类有很多，树脂、尼龙、塑料、石蜡、纸以及金属或陶瓷的粉末。从产品设计到模具设计与制造，材料工程、医学研究、文化艺术、建筑工程等都逐渐使用 3D 打印机技术，使得 3D 打印机技术有着广阔的前景。3D 打印技术已在工业造型、产品设计（实物模型/样件）、机械制造、模具制造、航空航天（风洞用实体模型）、军事、建筑设计、影视、家电（开发新产品）、轻工、医学（人体器官模型、骨骼）、艺术创作、考古/文物复制、数字雕刻、首饰等领域都得到了较为广泛的应用。比如 2012 年 8 月，世界上第一辆 3D 打印赛车"阿里翁"（图 9-4-1），在德国霍根海姆赛道完成测试，最高时速达 141km。从设计到打印，"阿里翁"车身的出炉仅用时 3 周，所使用的

3D 打印机,能打印最大尺寸达到 210cm×68cm×80cm 的零部件(图 9-4-2),2014 年 7 月英国《每日邮报》报道,美国宾夕法尼亚大学宣布用改进的 3D 打印技术打印出了鲜肉,这种利用糖、蛋白质、脂肪、肌肉细胞等原材料打印出的肉具有和真正的肉类相似的口感和纹理,就连肉里的微细血管都能打印出来(图 9-4-3)。

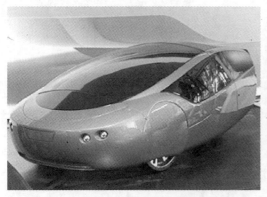

图 9-4-1　阿里翁赛车

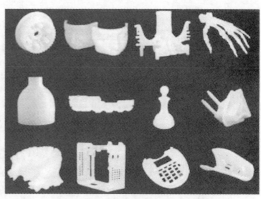

图 9-4-2　打印的各色模型

图 9-4-3　打印的鲜肉

9.4.2　激光加工

激光最初被译为作"莱塞",即英语 Laser,是"Light amplification by stimulated emission of radiation"(意为"辐射的受激发射光放大")的缩写。后来在 20 世纪 60 年代初期,由钱学森建议,把光受激发射器改称为"激光"或"激光器"。激光加工(简称 LBM)是利用光能量进行加工的一种方法。

1. 工作原理

普通光源的发光以自发辐射为主,激光的发射则以收辐射为主。图 9-4-4 是固体激光器的工作原理,激光器的作用是把电能转化成光能,产生所需要的激光束,激光器主要由工作物质、激励能源、全反射镜和部分反射镜四部分组成。工作物质是固体激光器的核心,工作物质是固体,如红宝石、钕玻璃等;也可以是气体,如二氧化碳。激励能源的主体是一个光泵,其作用是将工作物质内部原子中的粒子由低能级激发到高能级,使工作物质内部的原子造成粒子反转,并受激辐射产生激光。激光在全反射镜和部分反射镜内组成的光学谐振腔内来回反射,互相激发,迅速反馈放大,由部分反馈镜的一端输出激光。激光通过高能束,照射在工件表面上开始进行加工。

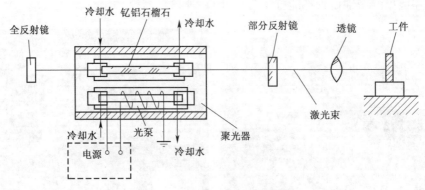

图 9-4-4 固体激光器工作原理

2. 应用场合

近年来,航空航天工业及模具制造业中,越来越多地应用了激光加工技术,主要应用于以下场合。

1）激光切割

激光切割是由激光器所发出的水平激光束经 45° 全反射镜变为垂直向下的激光束,后经透镜聚集,在聚焦点处聚成一极小光斑,在光斑处会焦的激光功率密度高达 $10^6 \sim 10^9 \mathrm{W/cm^2}$。处于其焦点处的工件受到高功率密度的激光光斑照射,会产生 10000℃ 以上的局部高温,使工件瞬间汽化,再配合辅助切割气体,将汽化的金属吹走,从而使工件形式一个小孔,依据所需切割的形状沿 X、Y 方向进行相对移动,无数小孔连接起来就形成了要切的外形,由于激光切割的频率非常高,所以小孔连接起来非常光滑。为了提高生产效率,切割时可在激光照射部位同时喷吹氧(对非金属)等气体,吹去熔化物并提高加工效率。对金属吹氧,还可利用氧与高温金属的反应,促进照射点的熔化;对非金属喷吹氮等惰性气体,则可利用气体的冷却作用,防止切割区周围部分材料熔化或燃烧。

激光切割不仅具有切缝窄、速度快、热影响区小、成本低等优点,而且可以十分方便地切割出各种曲线形状。目前已用激光切割加工飞机蒙皮、蜂窝结构、直升机旋翼、发动机机匣和火焰筒及精密元器件的窄缝等,并可进行激光雕刻。

2）激光焊接

激光焊接时不需要使工件材料汽化蚀除,而只要将激光束直接辐射到材料表面,使材料局部熔化,即可达到焊接的目的。因此,激光焊接所需要的能量密度比激光切割要低。

激光焊接具有诸多优点,其最大优点是焊接过程迅速,不但生产效率高,而且被焊材料不易氧化,热影响区及变形很小。激光焊接无焊渣,也不需要去除工件的氧化膜。激光不仅能焊接同类材料,而且还可以焊接不同种类的材料,甚至可以透过玻璃对真空管内的零件进行焊接。激光焊接特别适合于微型精密焊接及对热敏感性很强的晶体管元件的焊接。激光焊接还为高熔点及氧化迅速的材料的焊接提供了新的工艺方法。

9.4.3 离子束加工

等离子体是一种电离度超过 0.1% 的气体,通过辉光放电获得的等离子体实际上是正离子、负离子、分子、中性原子、电子、光子等各种粒子的集合体,整体呈中性,但含有相当数量的电子和离子,表现出相应的电磁学等性能。等离子体是一种物质的能量较高的聚集状态,又被称为物质的第四态。宇宙中 99.9% 的物质处于等离子体状态,例如自然界中的闪电、极光、日冕、太阳风;人工生成的等离子体也有多种形式,如荧光灯、霓虹灯、电火花、电弧等。离子束加工是利用离子束对材料进行成形或改性的加工方法。在真空条件下,将由离子源产生的离子经过电场加速,获得一定速度的离子束投射到材料表面,产生溅射效应和注入效应。以实现去除加工,与电子束等加工方法不同的是,电子束加工是靠动能转化为热能来进行加工的,而离子束加工则依靠微观的机械撞击动能。离子带正电荷,其质量比电子大成千上万倍,最小的氢离子的质量是电子质量的 1840 倍,氢离子的质量是电子质量的 7.2 万倍。由于离子的质量大,故在同样的电场中加速较慢,速度较低,但是,一旦加速到高速度时,离子束比电子束具有大得多的冲击能量。粒子撞击工件材料时,可将工件表面的原子一个一个打击出去,从而实现对工件的加工。

1. 离子束加工设备

离子束加工设备主要有离子源(离子枪)、真空系统、控制系统和电源系统。图 9-4-5 所示为离子源的工作原理,气体被注入到电离室,然后使其放电,电子与气体原子发生碰撞使其电离,从而得到等离子体。

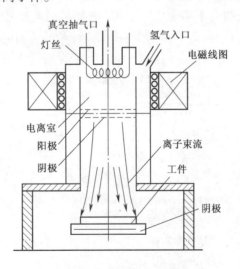

图 9-4-5 离子束加工设备

2. 离子束用途

1) 等离子体机械加工

利用等离子体喷枪产生的高温高速射流,可进行焊接、堆焊、喷涂、切割、加热切削等机械加工。等离子弧焊接比钨极氩弧焊接快得多。1965 年问世的微等离子弧焊接,火炬尺寸只有 2~3mm,可用于加工十分细小的工件。等离子弧堆焊可在部件上堆焊耐磨、耐腐蚀、耐高温的合金,用来加工各种特殊阀门、钻头、刀具、模具和机轴等。利用电弧等离子体的高温和强喷射力,还能把金属或非金属喷涂在工件表面,以提高工件的耐磨、耐腐蚀、耐高温氧化、抗震等性能。等离子体切割是用电弧等离子体将被切割的金属迅速局部加热到熔化状态,同时用高速气流将已熔金属吹掉而形成狭窄的切口。等离子体加热切削是在刀具前适当设置一等离子体弧,让金属在切削前受热,改变加工材料的力学性能,使之易于切削。这种方法比常规切削方法提高工效5~20倍。

2) 等离子体化工

利用等离子体的高温或其中的活性粒子和辐射来促成某些化学反应,以获取新的物质。如用电弧等离子体制备氮化硼超细粉,用高频等离子体制备二氧化钛(钛白)粉等。

3) 等离子体冶金

从20世纪60年代开始,人们利用热等离子体熔化和精炼金属,现在等离子体电弧熔炼炉已广泛用于熔化耐高温合金和炼制高级合金钢;还可用来促进化学反应以及从矿物中提取所需产物。

4) 等离子体表面处理

用冷等离子体处理金属或非金属固体表面,效果显著。如在光学透镜表面沉积$10\mu m$的有机硅单体薄膜,可改善透镜的抗划痕性能和反射指数;用冷等离子体处理聚酯织物,可改变其表面浸润性。这一技术还常用于金属固体表面的清洗和刻蚀。

5) 气动热模拟

用电弧加热器产生的高温气流,能模拟超高速飞行器进入大气层时所处的严重气动加热环境,从而可用于研制适于超高速飞行器的热防护系统和材料。此外,燃烧产生的等离子体还用于磁流体发电。自20世纪70年代以来,人们利用电离气体中电流和磁场的相互作用力使气体高速喷射而产生的推力,制造出磁等离子体动力推进器和脉冲等离子体推进器。它们的比冲(火箭排气速度与重力加速度之比)比化学燃料推进器高得多,已成为航天技术中较为理想的推进方法。

参 考 文 献

[1] 陆漱逸,王于林．工程材料学[M]．南京:航空工业出版社,1986.

[2] 黄勇,焦建民,温秉权,等．工程材料及机械制造基础[M]．北京:国防工业出版社,2004.

[3] 耿洪滨．新编工程材料[M]．哈尔滨:哈尔滨工业大学出版社,2000.

[4] 余岩,蔡菊．工程材料与加工基础[M]．北京:北京理工大学出版社,2012.

[5] 王纪安．工程材料与材料成形工艺[M]．北京:高等教育出版社,2000.

[6] 郝建民,王利捷．机械工程材料[M]．西安:西北工业大学出版社,2002.

[7] 卢秉恒．机械制造技术基础[M]．北京:机械工业出版社,1999.

[8] 陈明．制造技术基础[M]．北京:国防工业出版社,2011.

[9] 孙智,倪宏昕,等．现代钢铁材料及其工程应用[M]．北京:机械工业出版社,2006.

[10] 宋维锡．金属学[M].2 版．北京:冶金工业出版社,2007.

[11] 邓文英．金属工艺学[M].3 版．北京:高等教育出版社,1990.

[12] 王运炎,朱莉．机械工程材料[M].3 版．北京:机械工业出版社,2008.

[13] 蒲永峰,梁耀能．机械工程材料[M]．北京:清华大学出版社;北京交通大学出版社,2008.

[14] 徐世毅．航空工程材料学[M]．北京:国防工业出版社,1990.

[15] 范全福．金属工艺学[M]．北京:高等教育出版社,1983.

[16] 清华大学金属工艺学教研室．金属工艺学实习教材[M]．北京:高等教育出版社,1982.

[17] 李卓英,尹锦云,等．金工实习教材[M]．北京:北京理工大学出版社,1995.

[18] 中国机械工程学会热处理学会．热处理手册:第一卷[M].4 版．北京:机械工业出版社,2008.

[19] 中国机械工程学会热处理学会．热处理手册:第二卷[M].4 版．北京:机械工业出版社,2008.

[20] 中国机械工程学会热处理学会．热处理手册:第三卷[M].4 版．北京:机械工业出版社,2008.

[21] 中国机械工程学会热处理学会．热处理手册:第四卷[M].4 版．北京:机械工业出版社,2008.

[22] 康进兴,马康民．航空材料学[M]．北京:国防工业出版社,2013.

[23] 陈晔．金属工艺学实习教程[M]．北京:国防工业出版社,2011.

[24] 赵树忠．金属工艺实训指导[M]．北京:科学出版社,2010.

[25] 严绍华,张学政．金属工艺学实习[M].2 版．北京:清华大学出版社,1992.

[26] 徐衡.FANUC 系统数控铣床和加工中心培训教程[M]．北京:化学工业出版社,2007.

[27] 关颖．数控车床[M]．沈阳:辽宁科学技术出版社,2005.

[28] 郭少豪,吕振.3D 打印:改变世界的新机遇新浪潮[M]．北京:清华大学出版社,2013.

[29] 姚寿山,李戈扬．表面科学与技术[M]．北京:机械工业出版社,2005.

[30] 李应红．激光冲击强化理论与技术[M]．北京:科学出版社,2013.